U0335766

支配宇宙的 7：超越想象力的数学

〔英〕
戴维·达林
阿格尼乔·班纳吉
著

肖瑶
译

WEIRDER MATHS

AT THE EDGE OF THE POSSIBLE

南海出版公司

新经典文化股份有限公司
www.readinglife.com
出　品

目 录

前言

在前作《亲爱的数学》之后，我们继续这项冒险，再次涉足数学中那些最离奇、最古怪但又最迷人的部分。我们将进入一个由形状和数字组成的奇异世界，像格列佛一样，探索无穷小和无穷大，沿着曲折的道路前进，直面人类思维遇到的最大难题。

数学这门学科比我们大多数人能了解到的更加广阔，广阔到我们只能有幸感知到其中一部分。数学渗透在我们生活的每个角落，不仅是科学和技术的基础，也是音乐和艺术的基石。我们接触到的各种形式、模式和运动，甚至我们玩的游戏，都包含着数学。它可以难得像普林斯顿研究生在课上解开一整页的复杂方程，也可以简单到像孩子吹泡泡那样。我们每时每刻都在接触数学，因为数学存在于我们周围宇宙的方方面面，是构成现实基础的一部分。有一些我们感到很熟悉，如数字 1、2、3 或圆的对称性，但更多则是奇妙多样的，令人眼花缭乱，有着无穷的神秘色彩。

我们这个作者团队有些独特。戴维是专业的物理学家和天文学家，过去三十五年，他写了很多从宇宙学到意识的书籍。另一位作者阿格尼乔是一位十几岁的数学天才，他几年前开始在戴维那里上数学课，2018年在国际数学奥林匹克竞赛中以42分满分获得了第一名。他最近前往剑桥大学继续数学探索之旅。大约三年前，我们开始撰写《亲爱的数学》。我们分配章节，然后互相核查对方的内容，阿格尼乔专注于阐述数学本身的内容，而戴维则专注于使文字更清晰易懂，并增加历史和传记细节。我们的合作非常成功，而且相对没有压力，因此我们一起推出这本续集！

数学领域有这么多发展，而且日新月异，令人眼接不暇，因此我们增加了更多的章节。不过，我们的目标仍然是一样的，希望把数学中最不寻常、最有趣且最重要的知识介绍给普通读者，对一些理解起来可能困难的话题我们也不回避。我们仍然相信，只要以正确的语言表达，谁都可以理解数学。我们也尽可能地展示数学如何与我们的日常生活息息相关，或证明它对科学和其他领域有多么重要。

数学就是这样一个容易被大众误解但却非常迷人的学科。希望我们对数学的热情能透过纸张传达给你。数学确实可以很奇怪，但更重要的是，它是最能体现人类的趣味和弱点的学科研究。

第一章　逃出迷宫

彭寂有一次说：**我隐退后要写一部小说**；另一次说：**我隐退后要盖一座迷宫**。人们都以为是两件事；谁都没有想到书和迷宫，是一件东西。

——豪尔赫·路易斯·博尔赫斯

最著名的迷宫可能从未存在过，如果存在，那它肯定是一座简单的迷宫，也许就是克里特岛硬币上描绘的那一座。神话故事说，建筑师代达罗斯为克里特国王弥诺斯造了一座满是弯曲通道的单行迷宫，将弥诺陶洛斯关在里面。弥诺陶洛斯是牛头人身的怪物，脾气火爆，是弥诺斯的妻子和海神波塞冬献给国王的一头白色公牛的后代。为了惩罚战败的雅典人，国王弥诺斯命令雅典人定期将青年男女献给单行迷宫中央的弥诺陶洛斯。有一年，雅典英雄忒修斯代替一个即将被献祭的青年走进了迷宫。他解开弥诺斯的女儿阿里亚德涅送给他的一个毛线团做标记，杀死弥诺陶洛斯，顺着毛线逃回了入口。

弥诺斯迷宫的真正构造我们不得而知。无论如何，它只是一个传说，并非人类能建造的建筑。我们确实能看到一些克里特岛出土的钱币，介于公元前300至前100年，上面的图案据说反映了弥诺陶诺斯巢穴的布局。大部分硬币描绘了一个简单巧妙的图案，通常是七层或八层的“单行迷宫”。从迷宫外画一条线通往终点，迷宫层数取决于横穿道路的次数。“单行”意为进出只有一条道路，至于maze和labyrinth的区别，就在于你选择什么定义了。

有些语言中表示“迷宫”的只有一个词，而西班牙语laberinto就可以同时表示两种迷宫。在古英语中，maze的意思是“迷惑”或“混乱”等，而labyrinth则源自希腊语的labyinthos，词源尚有争议。有些学者将这个希腊词与古吕底亚语的labrys（意为“双刃斧”，象征皇室的权力）联系起来，由此推断弥诺斯迷宫应该是弥诺斯国王的双斧宫殿的一部分。当然，这种联系推断不一定准确。不管怎样，我们只能选择下定义，努力区分labyrinth和maze。

我们的目的主要是在数学方面，我们可以假设labyrinth是一种特殊类型的迷宫——单行迷宫。它只有一条弯曲的路径，除了原路返回，没有岔路可选。而迷宫（maze）则常常有多岔路和选择，设计者将其设计成复杂迷惑的布局。同时，迷宫常

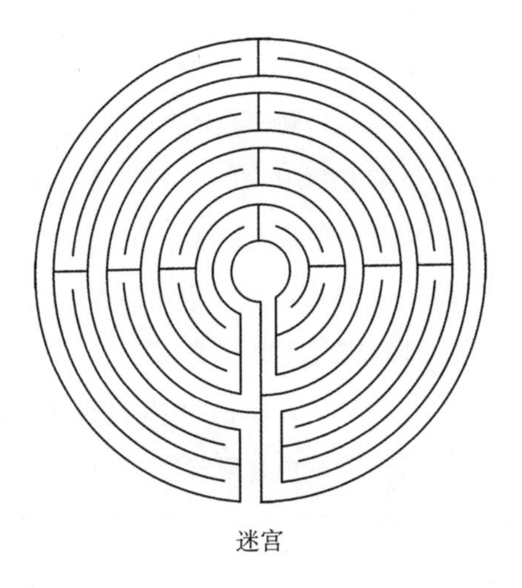

迷宫

单行迷宫

常有多个入口、出口和死胡同，而在单行迷宫中，虽然穿越整座迷宫的路径也挺长，但构造非常简单——只是一条没有岔路的通向中心的通道。从入口到中心是走这条路，从中心回到入口也是走这条路，整座迷宫的出口和入口是同一个点。

单行迷宫与其说是一项智力挑战，不如说是一个在独特环境中花费时间的场所。有句话说："进入迷宫，你会迷失自我；而进入单行迷宫，你会找到自我。"毫不奇怪，许多冥想场所用了单行迷宫的设计。沙特尔大教堂的中殿地板就是一个著名的单行迷宫，地板边界由深蓝色大理石建成，走廊由 276 块白色石灰岩石板铺成。中殿的直径不到 13 米，但蜿蜒的走廊设计可以让人们在这里漫步许久。自从 13 世纪早期教堂建成以来，许多朝圣者都在走廊中来回走过。有传言说，在环形走廊的 11 个同心圆的中央曾有一幅弥诺陶洛斯的画像，当然，教堂中最鲜明的标志还是基督耶稣。中殿有四个方向的走廊，象征着十字架的四端，而弯曲的道路则象征着通往耶路撒冷的道路。弯曲的道路既无法直接通往中心，也没有以中心为指向，这种蜿蜒曲折的设计象征着人们向圣城耶路撒冷前进道路的坎坷。那些不能或不愿真正前往圣城的人们在这样的道路上行走或者跪拜前进，以此模拟朝圣的感觉。尽管沙特尔大教堂的中殿并不是宗教建筑单行迷宫中最华美精致的，却是一个"原型"般的存在，类似的建筑被称为"沙特尔迷宫"。

从新石器时代和青铜时代的远古到近代和现代，在每个历史阶段，世界各角落都存在众多单向迷宫构造。正如我们所见，这些迷宫并不是为了难住大家，而是为了达到某些宗教、冥想的目的，或用来举行各种仪式。传说在很早以前，北欧渔民出海前会走过单行迷宫，祈求平安归来并获得丰收。在德国，年轻男子也会通过走过单行迷宫来举行成年礼。但这些创造与设计的动机，并没有减弱迷宫的数学趣味。在一个相对狭小的空间里设计出如此曲折蜿蜒的走廊，其独创性与繁复的技巧本身就有无穷的魅力。人们还研究出如何通过“种子”（对称短曲线形式的初始形状）建造单行通道的理论，这是单行迷宫从中心开始建造的方法。单行迷宫既可以是左手方向的，也可以是右手方向的，这取决于进入迷宫后第一个转弯的方向。单行迷宫有不同的弯曲数量，这个领域的专家列出了几十种固定的形式(这很大程度上是由种子决定的)。

第一位对单行迷宫进行深入研究的数学家是 18 世纪中期成果丰富的瑞士理论家莱昂哈德·欧拉。欧拉对该问题的兴趣源自他 1736 年向圣彼得堡学院提出的柯尼斯堡问题，并通过这个问题的答案得到了解开单行迷宫的方法。柯尼斯堡问题是：从东普鲁士城市柯尼斯堡（现位于俄罗斯的加里宁格勒）的任意地点出发，是否有一条路能够一次且仅一次穿过所有桥，然后回到原点。在城市中，有六座桥连接着河的两岸和中央的两座小岛（在两边各分布着三座），还有一座桥将两座小岛连在一起。欧拉将问题简化为数学要素，这样一来，问题就容易解决了。

他意识到，问题只与连接线有关：每块陆地可视作一个点，而桥视作连接两点的线。欧拉证明当且仅当满足一个条件时，任何点线组合都可以找到从某点出发的一条路线，遍历所有线并且没有重复，然后再回到出发点。这个条件就是，要么沿途没有一个点有奇数条连接线，要么只有两个点之间有奇数条连接线。但柯尼斯堡城中桥的布局不符合这个条件，因此最初的柯尼斯堡问题无解。

欧拉解法的精妙之处在于能被推广应用。对于满足上述单行连接规则的图形，欧拉首次给出了精确的数学定义。更重要的是，他在这一难题上的工作催生了一个新的数学领域——图论，对另一个新学科拓扑学的兴起也很重要。

图论和拓扑学都是数学家解开更棘手的“多行”迷宫问题时用到的工具。这些多行迷宫对人类智力是极大挑战，非常难解——它们存在于二维、三维甚至更高维度，而且有些一眼看上去根本不像迷宫。

除了传说，最早的迷宫历史记载出自公元前 5 世纪的希腊历史学家希罗多德。希罗多德描述了埃及的一个巨型单行迷宫——“希腊所有工程和建筑耗费的人力和成本在它面前都微不足道”。这座迷宫是否是“单行的”我们无法得知。但如果希罗多德记载的迷宫确实存在，那它一定令人印象深刻——有十二个院落，三千个房间，每一边有 243 尺高的金字塔。

更晚近的迷宫中，有一些是欧洲皇室建造的。它们要么是为了娱乐客人，要么是为了举行一些秘密会议和幽会。最著名的迷宫是泰晤士河畔的汉普顿宫，它建于 17 世纪 90 年代，是英国现存历史最悠久的树篱迷宫。现在已经是很受欢迎的旅游景点，高耸的墙能完全挡住前方的视线。迷宫面积占地三分之一英亩，但一点也不复杂。迷宫虽然不是单行的，但只在几处路口有分岔，所以人们不会迷失。丹尼尔·笛福在《从伦敦到尽头》中提到过这座迷宫。杰罗姆·K.杰罗姆在《三怪客泛舟记》中也提到过：

> 我们就从这里进去，这样你就可以说到此一游了，但实际上非常简单，叫它“迷宫”都有些荒谬。从第一个路口开始一直选择右转就好。不出十分钟你就能逛完，然后出去吃午饭。

斯特拉迷宫则错综复杂得多，它位于威尼斯城外，皮萨尼别墅内，建于 1720 年，号称世界上最难破解的公开迷宫之一。

即便是数学相当不错的聪明人拿破仑，据说也被斯特拉迷宫困住过。这座迷宫有九层同心圆构造、数不清的开口和分岔，进来的人如果能够走出去，就能爬上中心角楼的旋转楼梯，鸟瞰整座迷宫。

美国有两座破纪录的迷宫。第一座是夏威夷多尔植物园的巨型菠萝园迷宫。这座迷宫的道路总长 2.5 英里，两旁种了

14 000 种热带植物，2008 年被认定为世界上最长的迷宫。加州迪克森的酷斑南瓜园也毫不逊色，它建过一个获吉尼斯最大临时迷宫纪录的玉米地迷宫。这座迷宫非常难走，一些来玩的旅客害怕在项目关闭前走不出来，还拨打 911 报警求助！

假设我们首次进入一个完全不熟悉的迷宫，对迷宫的具体构造和大小一无所知，迷宫周围的墙太高使你看不到其他道路，身边也没有人可以商量。你只知道：目的地是迷宫中心，至少有一条路能通到那里。有一个经典而简便的方法——“摸墙法”，即进了迷宫就摸着一面墙一直走下去。这个方法在很多情况下都适用，它能帮你最终到达目的地。但它也有两个弊端：首先，它可能会花很多时间；其次，如果迷宫有环路和没有连接外墙的死胡同，这个方法可能就彻底失败了。破解迷宫最系统的、成功率最高的方法就是求助于数学。

在欧拉的例子中我们看到，要想成功穿过迷宫，第一步是将迷宫转换成抽象的图形。我们可以从网络拓扑学这门学科中找到一些思路。在通过迷宫时，最重要的是我们在出现选择的点，即所谓决策点该怎么做。第一个决策点是入口，因为我们可以决定是否进入迷宫。死胡同也是决策点，我们决定是停下来还是转身继续在周围寻找路径。当然，出现多个岔路口的决策点最有趣，我们必须从两个或多个分岔中选一条路走下去。如果通过网络图来表示迷宫，它们会变成一系列由线条连接起来的点，如此一来，要找出到达迷宫中心的方法就变得非常容易了。

一些复杂的地铁系统，如伦敦地铁，对于不熟悉的人来说就像迷宫一样复杂，但地铁车厢和车站墙壁上的地图用网络图展示，能让人们很快明白如何从任意一站到达想去的目的地。

不过，现在假设我们进了一座迷宫，没有带这种地图，这时一包爆米花和一包花生也可以派上用场，但可不是用来迷路时吃的，而是用来防止迷路！就用欧拉破解柯尼斯堡问题的方法——“同一条路不走两次”，我们可以拿爆米花和花生标记路线。具体操作如下：在你走过的每条路上都放上爆米花，每个决策点也放一粒，这样你就知道自己是否走过这条路和到过这个决策点。如果你在一条路上走了第二遍，则沿路放上花生。规则是，等你遇见一条已放了花生的路，就别再选它了。现在我们用更科学的命名法来解释：没有放爆米花的岔路口叫“新节点”，当你放上一颗爆米花后，它就成了“旧节点”。同样，当你到了一条没有爆米花的道路，它叫“新路径”，你沿着新道路继续走，一边撒上爆米花，下次你沿着这条路边走边撒下花生米的时候，它就成了“旧路径”。

熟记于心后，下面便是你破解迷宫的方法。首先，在迷宫入口处，我们可以选择任意道路。遇到一个新节点，我们可以选择任意一条新路径。当你在新路径上来到了一个旧节点，或者走到了死胡同，就沿着路走回最初的节点。当你沿着旧路径走到了一个旧节点上，则选择另外一条新路径或者一条旧路径继续走。不要重复选择一条路径。如果你严格按照这样的步骤，并且带的爆米花和花生数量充足，你一定可以到达迷宫中心。到达以后，转身沿着只有爆米花标记的道路走下去，就又回到迷宫入口处了。

确保某类问题解决的一系列明确指令被称作“算法”。解决迷宫问题的这个算法叫作“特雷莫算法”，19 世纪法国人特雷莫首次描述，因此用他的名字来命名。现在这个算法被视作“深度优先搜索”（DFS）算法的一种，这类算法可用来搜索数学中定义的“树”或“图”数据结构。这两种结构都是由点、节点组成，它们由线或者“边”连接。特别是“图论”，起源于欧拉在柯尼斯堡问题上做的工作，是一系列迷宫问题相关算法的来源。它也是一个强大的工具，将许多看起来不像迷宫的问题表示为迷宫，如魔方问题。

我们可能想象不到，一个普通的 3×3×3 魔方有 43 252 003 274 489 856 000 种可能的排列方式。每种排列对应着复杂迷宫中的一个决策点。随意转动魔方就希望成功将其还原，就像一个醉汉在一个行星般大小的迷宫中踉跄前进，希望到达迷宫中心。在合理的时间内破解魔方的秘诀在于应用算法，以便在魔方已经拼好的部分不被干扰的情况下，将更多部分还原至相应的位置。

在图论中，有一个概念叫“图的直径”，意思是从一个节点到另一个节点需要经过的最大节点数，不包括返回和绕圈等。在魔方问题中，“直径”是指从任意初始状态回到复原状态需要的最多步数（要考虑最极端和随意的情况）。尽管魔方在 1974 年就被发明出来，但直到 2010 年才算出它的“图直径”，有时也被称作为“上帝之数”。最终是谷歌研究团队消耗了 35CPU 年[①]的计算量的计算机算力，终于得出了结果——20。这个数字出奇地小，解释了为什么专业玩家能够在 5 秒内翻好魔方（目前从任意状态还原的世界纪录是 4.22 秒，2018 年由一位二十二岁的澳大利亚青年创造）。至少，它解释了为什么在“实际”上是可能的。将魔方掌握到这种非凡的熟练程度，需要夜以继日地练习，牢记各种有效的算法策略所涉及的步骤。若蒙眼翻魔方，除这些要求外，还必须增加特殊记忆训练。

自然界中有时也出现非常复杂的迷宫，使得无数人在其中迷失。例如，美国佛罗里达州南部有一大片红树林，在弯弯曲曲的河道周围形成了一道高 70 英尺的“城墙”。尽管水路可能不会特别长，但如果没有向导或者地图就划船进入，那很可能在原地兜转数小时都找不到方向。地质构造同样能产生天然迷宫，往往成为人们喜爱的旅游景点。南达科塔州布莱克山拉皮德城附近的岩石迷宫由许多花岗石组成，它们四处散落，形成一张狭窄而蜿蜒的道路网。

当迷宫在地下形成时，曲折的相连洞穴结构可以构成更繁复的三维结构。最极端的一个例子是乌克兰村庄科里维卡附近

① 约为 306 600 小时。——编者注（注释部分若无特殊说明，均为编者注）

的奥蒂米斯第奇娜洞穴。1966 年被发现时，洞穴处于不到 30 米厚的石膏层中，主要由不足 3 米宽和 1.5 米高的弯曲小道构成——在洞穴交叉路口处可能会稍高一些。迄今为止，其中 265 公里道路已经绘制了地图，成为世界上已知洞穴中第五长的洞穴。排在首位的是位于肯塔基中部的猛犸洞穴，它主要由三亿年前的石灰岩中的通道构成，延展长度达到了 663 公里，远超其他洞穴。

BBN 研发公司的程序员威尔 · 克劳瑟是一位业余洞穴探险者，20 世纪 70 年代对猛犸洞穴绘制了调研地图。克劳瑟是开发阿帕网（因特网前身）的初创团队成员。他非常喜欢角色扮演桌游《龙与地下城》，因此偶然想到在制作洞穴探索的电脑模拟程序中加入一些角色扮演游戏的创意。结果在 1975 和 1976 年间，克劳瑟开发出游戏《巨洞冒险》，后来被称为 Adventure 或简称为 Advent（源于游戏的可执行文件的名称）。克劳瑟最初的 700 行 FORTRAN 代码后来经过斯坦福大学研究生唐·伍兹拓展。伍兹喜欢托尔金的魔幻小说，便在原先的程序上加了一些更奇幻的想法和设定。到 1977 年，这个冒险游戏的正式版本已经完成，很快在美国和其他地区的程序员中广泛传播。它的 3000 行代码被补充了 1800 行数据内容，其中包括 140 个地图位置、293 个词汇信息、53 个物品（15 个是宝藏物品）、各种旅行表和游戏信息，其中最著名的一条是："你现在身处蜿蜒小路组成的迷宫中，这些小路都非常近似。"这个游戏的一部分乐趣就是尝试用纸和笔画出洞穴小路的地图。你可以采用一个小技巧：玩游戏时在沿路洞穴房间中随手丢下一些物品作为标记。

说到洞穴迷宫，就不得不提克里特岛南部戈尔廷采石场的迷宫洞，距克诺索斯的弥诺斯宫殿只有 20 英里左右。一些研究人员声称，洞穴迷宫中弯弯曲曲的道路和房间可能是弥诺陶洛斯传说的真正来源。游客在迷宫中探索 2.5 英里长的通道，它们相互交织，游客可以自由徜徉，有时会碰到一些很大的迷宫房间，如圣坛间。我们无法得知这天然的迷宫洞是否真的与弥诺陶洛斯的传说有关，但它的的确确与许多历史故事有关系，如路易十四的间谍曾在此进行秘密活动，二战时期还被用作纳粹军队的秘密军火储存处。

心理学家用迷宫来做动物认知实验，人工智能研究人员则让机器人以最有效的方式在迷宫中行进以进行考验。互联网也是一种迷宫，是人类思维最精细的发明创造之一。反过来，我们大脑的各种神经元及其联系也像迷宫一样。美国约翰霍普金斯大学的詹姆斯·尼里姆教授和他的团队惊奇地发现，大脑在思考一些问题时，例如回想一个见过的人的脸庞，其工作方式与老鼠在迷宫中努力寻找出路非常相似。大脑中海马体的不同区域会得出两个不同的结论——这张脸见过或没见过——然后由其他区域投票，从而做出最后的决定。研究者发现，如果教会老鼠识别某座迷宫，之后对迷宫中的一些标志物进行细微改动，那么它们的大脑也会发生类似的决策过程。

某种意义上，人们为了挑战思维创造多行迷宫或是为了冥想沉思创造单行迷宫时，正是将我们大脑的本质及它们是如何运行的形象地表示出来。阿根廷作家豪尔赫·路易斯·博尔赫斯喜欢用迷宫来比喻世界上一些神秘的事物，如时间、心灵和物理世界的现实等。本章开头的引语出自博尔赫斯的短篇故事《小径分岔的花园》(1941)。在《死于自己的迷宫的阿本哈坎·艾尔·波哈里》(1951)中，主角之一、数学家昂温说过：“我们不用去建造迷宫，因为整个宇宙就是一座庞大的迷宫。”

第二章　在消失的边缘

我喜爱谈论“无”，因为那是我唯一所知。

——奥斯卡·王尔德

零：没有什么好聊的，特别是当你的银行账户存款为零、收到的生日贺卡数目为零、赢得滚存彩票头奖概率为零的时候。同时零的含义似乎显而易见，我们都知道它意味着什么并认为它的存在理所当然。很难想象，曾经有一段时间数学里没有零，数学家要去发现它——或者说要去创造它，这取决于我们如何看待这件事情。

从直观感觉上来说，零的概念早在人类历史早期就存在了。早期人类——甚至是动物——都明白自己“没有”食物或“没有”住处意味着什么。这种面对“没有”的恐惧正是促使努力奋斗生存的动力。

对哲学家而言，“零”和“无”的概念，很久以来就是令人着迷的主题。许多东方宗教很讲究“无”的概念，例如在某种形式的佛教中，舜若多（空）被认为是一种心境，在这种状态下，人的思维中所有意识思想，包括自我的意识被释放出去，只留下纯粹的当下意识。这是学习禅宗射术的人想达到的目标：心无旁骛，所有意念都集中在发射的箭上。

其他一些思想派别，例如亚里士多德的门派，认为“无”是不可能的。这种观点认为，“无”是不可能存在的，然而就其本质而言，世间万物总会以各种形式存在（包含时间、空间、物质和能量等要素）。因此，亚里士多德认为宇宙应该是永恒的。因为如果宇宙是在某一刻诞生的，那么此前一定有一种他不赞同的东西——虚空。但其他著名的希腊人并不同意。

德谟克利特及其追随者相信万事万物都由原子组成，因此坚持认为必定存在一片真空，为原子提供移动空间。随着时间的推移，科学家逐渐发现原子的存在（尽管与古典原子论者的想法非常不同），但在欧洲流传下来并主导中世纪思想的是亚里士多德的哲学。在中世纪，天主教非常惧怕“无”的概念，坚持认为宇宙是永恒的，因此将亚里士多德的学说放在极高的地位，甚至高于《圣经·创世记》。这种世界观产生了一句名言：“自然界憎恶真空。”并让早期的科学家认为，真空一旦开始形成，就会产生一种力，不断吸入外界事物，直至填满自身。

在数学中，我们很早就习惯了“无”或“零”的概念，因此它过了那么长时间才首次出现在历史记载中，显得很奇怪。但事实是，数学诞生之初是一种纯实用的东西，用来记录你拥有、亏欠或借出多少东西，或者算出东西的大小。我有十八匹马或四十三只羊，如果分别买进或卖出一些，我会有多少。这就要有一种方式来计算。但我为什么要记录自己“没有某个东西”或者计算“建一座没有高度的墙需要多少块砖”呢？数学一开始就不是为了这些抽象问题存在的，它根植于真实的、日常的情况。数学是商人、政府簿记员和建筑师的工具，因此那时候数字的含义比现在的更具体。从八个具体的事物，如八罐橄榄油，到理解八个普遍的事物，再到理解抽象数字 8，我们很容易忽略中间经历的巨大精神飞跃。我们处理“零”的手段还没有直接的明显用途。

我们的祖先最初创造数学时，先从正整数 1、2、3……开始。0 的出现要晚得多，演变过程也复杂多变。0 有两种不同的功能：“在形式上占一个位置”和“与其他数一样表示大小”，这就使得追溯 0 的产生方式和时间也非常困难。例如在数字 3075 中，0 只是让 3 处于正确的位置，表示“三千”，而不是“三百”。但当我们让 0 作为比 1 小的数字存在时，它的角色便截然不同了，必须作为有特定属性的数字加入算术之中。当其他数字和 0 相加、相乘甚至最有趣的相除时会发生什么情况？如何在“符号”和“命名”范畴中清楚地表示 0 是个大工程，这取决于我们将 0 用来占位，还是将其看成本身便有意义的数字。“零”这个名称也是“密码”（Cipher）一词的词根，顺便说一下，是源自阿拉伯语的 sifr。

刻着楔形文字的泥板，上有 0 作为位置标记的符号

在数学里，零的概念最初是作为占位符出现的，用来明确一个多位数的值。位值数字系统，即通过一个数字所处的位置来表示数值的体系，至少可以追溯到四千年前巴比伦人开始运用它们的时候。但没有证据表明这些人也觉得有必要设置一个“占位符号”，至少很长一段时间是这样。大约公元前 1700 年的初始版本留存至今，是用楔形文字刻在泥板上的。这些泥板展现了巴比伦人如何表示数字并进行算术。那时的标记系统与现在大为不同，他们的数字系统是以六十进制而非十进制来计数。但可以明确的是，早期巴比伦人没有区分我们现在所写的，例如 1036 和 136，只能通过上下文来判断。直到公元前 700 年左右，人们才像现在我们看待零那样，在体系中引入了一个位置标记的符号。在不同的时代和地区，巴比伦和美索不达米亚文明的泥板上可以看到一个、两个或三个楔形符号来表示我们今天的零。同样的想法之后在其他文明中相继出现，包括中国和玛雅

文明，他们在计数系统中用空格的形式来表示零。

当我们用表示特定数值的符号而不是数字来进行数学运算时，没有“占位符号”的位值数字系统的缺点会更为凸显。罗马人就受这种方式困扰，这也许就是为什么我们读过很多关于罗马将军、政治家、战役以及治国理政和城市规划的灼见，但在数学领域却没有什么突破。罗马数学符号中用七个字母来表示数字：1 用 I 来表示，5 用 V 表示，10 用 X 表示，50 用 L 表示，100 用 C 表示，500 用 D 表示，1000 用 M 表示。这些符号用起来非常麻烦：如数字 1999 在古罗马用 MCMXCIX 表示，大于 5000 的数字表示起来就更困难。用这样的符号体系来做算术是另一个大问题。对我们而言，计算 47+72=119 非常容易，但不妨试试让 XLVII 和 LXXII 相加。最简单的方法是将罗马数字符号转换成我们的十进制进行计算，再把结果转回罗马数字——CXIX。用罗马数字计算加法都要换来换去，要是计算乘法……

0 作为数字，被发明（或者发现）的历史更短。首次发现 0 这种作用的是生活在公元前 4 世纪至前 3 世纪的印度学者平阿拉（PingaLa）。平阿拉用了一种基于二进制而非十进制的占位符号，因为二进制符号能让数字出现在梵文诗歌中。他还用梵文中表示“空”的词 sunya 来表示数字 0。这个符号的现代形式最早出现在巴赫沙里的手稿中，上面的文字是用桦树皮写成的，1881 年夏天在巴赫沙里村附近被发现。当时巴赫沙里村属于英国统治下的印度，不过现在位于巴基斯坦境内。手稿被发现时，大部分已经被毁，只有大约七十片树皮保存了下来，还有一些是残片。从我们收集到的信息来看，这个手稿似乎大部分是对早期数学的评论，列出了一些解决数学问题的技巧和规律，主要是关于算术和代数方面，也涉及一小部分几何学和测量学。这份手稿现在保存于牛津大学博德利图书馆，最近经过碳测定认定其年代为3世纪或4世纪，比之前认为的要早几个世纪。

后来到了7世纪，印度数学家婆罗摩笈多进一步巩固了0在数学中的数字地位。他制定了许多涉及0和负数（那个时代的另一项新发明）的算术规则。他制定的大部分规则我们现在都很熟悉，例如他提出0与负数的和是负数、正数与0的和是正数、0与0的和是0。

关于减法，他的规则我们今天仍在使用：0减去负数是正数，等等。但他在除法中遇到了困难：当0除以0，他认为结果应该是0，然而对于任何其他分数的值，不论0作分母还是作分子，对他来说都是一个谜。

婆罗摩笈多不会告诉我们8除以0等于多少。这并不奇怪，因为这个结果没法算出来。五百年后，另一位印度数学家和天文学家婆什迦罗在其巨著《天文系统之冠》（*Siddhānta Shiromani*）中称，当数字除以0，得数应该是“无限”。他以诗歌般的语言阐述了这个计算的哲学意义：

在以0作为除数的计算中，无论数字如何增增减减，总量都不会改变；正如世界创造或毁灭、众多秩序被吞没或新生，对于永恒无垠的神明都不会有任何影响。

婆什迦罗试图让 0 为除数的计算等于无限，这背后当然有一定的逻辑。毕竟，当我们用任何数（比如 1）除以越来越小的数时，得到的结果越来越大。但如果 $n/0=\infty$ 真的成立，其中 n 是任意有限数，那么反过来 0 乘以 ∞ 可以等于任意数，这不合理。事实上，数学中存在许多小漏洞：当你允许 0 作为除数，似乎可以由此证明 1=2，或一般地说，任何数都可以等于另外一个数。为了避免这种混乱和不一致，数学家最终决定 0 不能作除数，更准确地来说，这是因为零作除数的结果是未定义的。

在现代数学中，有许多概念与零相关，但它们实际上并不等于零，“空集”就是其中一个。在集合理论中，空集无疑是没有成员的集合。这是一个与零不同的概念，最显而易见的是空集是集合而 0 是数字。但零是空集的元素数量或基数。集合也有运算规则，类似于算术中的加法和乘法，我们称之为并集和交集。两个集合的并集就是包含两个集合中所有元素的集合，交集就是同属于两个集合的所有元素的集合。其中，空集扮演的角色类似于零：任何集合与空集的并集等于集合本身（正如 $x+0=x$），任何集合与空集的交集等于空集（正如 $x\times 0=0$）。

在我们无限接近但永远达不到零的时候，一些与零有关的东西就会出现。例如这样一个序列：1、1/2、1/4、1/8……每个数字的大小是前一个数字的一半。我们通常会说这个序列的极限值——即它正在收敛到的值——就是零。但是，真的存在“无限接近”于零实际上又不等于零这种概念吗？实数系统包含了数轴上的所有数，但没有这个概念。在实数系统中我们的确可以找到尽可能小的各种数，但不管数字怎么小，一个不是零的数字始终是有限小的，而不是无限小。为了达到无限接近于零的目标，我们需要一种新的数字类型，超出我们的想象范围和传统的计算方法。

英国数学家约翰·康威正在寻找一种新方法来分析某些类型的游戏。他看剑桥大学数学系举办的英国围棋冠军赛时有了一些灵感。康威注意到，围棋的终局往往是一系列棋局的组合，而有些棋局的作用与数字类似。然后他发现，在无限棋局中，对局不断出现，就像一种新型的数字。这种数字后来被叫作“超现实数”。这个名字不是康威起的，而是美国数学家、计算机科学家高德纳在 1974 年的《超现实数：两个学生如何转向纯数学领域，并找到了真正的快乐》一书中创造的。这部中篇小说也是唯一一个例子，让一个重要的数学思想首次通过小说广为人知。

超现实数是一个令人难以置信的庞大数字群的成员。它包括所有的实数、一组无限大的数（称为无限序数）、一组由这些序数产生的无穷小数（无限小数），以及一些以前不属于已知数学领域的奇异数。事实证明，每个实数都被一大群比其他实数更靠近它的超现实数字包围。在 0 和“比 0 大的最小实数”这个模糊区域就存在一团超现实数，由无限小的数组成。这些无限小的数的值比数列 1、1/2、1/4、1/8……中的任何数都小，不管我们从这个数列中取多小的数。其中一个超现实数是 ε，我们可以将它定义为第一个比 0 大但比 1、1/2、1/4、1/8……小的超现实数。

在高德纳的小说中，大学毕业生比尔和爱丽丝住在印度洋的小岛上，想逃离文明世界。他们见到一块黑色的石头，一半埋在沙子里，上面写着字。比尔读了出来："起初，一切皆为虚空，直到上主康威创造数字。康威说：'要有两条规则让所有数字分出大小……'。"

比尔和爱丽丝日复一日地研究石头上的铭文，学习如何建立一个全新的数字系统，这个系统将比他们之前想象的东西庞大得多。新系统的基本思想是，任何实数 N 可以用两组集合来表示：集合 L（左）包含小于 N 的数字，集合 R（右）包含大于 N 的数字（第六章会详细介绍）。根据康威描述的两条规则，石头解释了如何从一个空的左集和一个空的右集开始，创建数字 0。通过这种方法我们可以继续创造更多数字——通过在一个数的左集中加入 0 或者在另一个数的右集中加入 0……再用这些新数字创造出更多数字。最终，"超现实数"这个庞大的数字集合中的每个数都被创造出来了，包括无限小的数。

寻求最接近 0 的数字和寻求最接近无限大的数字很类似——仅用实数是无法表示的，毕竟无论选择多小的数字，总有更小的数字存在。对于大数也是如此：不论你找到多大的数，都会有比它更大的。幸运的是，在我们探索无限小和无限大的过程中，庞大而多样的数学宇宙允许我们创造出新的数字系统，让不可能的东西变为现实。

数学中有一个令人惊讶的事实，看起来让人有点费解，那就是 0.999…=1。这似乎不符合常理，因为 0.9，0.99…都小于 1，那么 0.999…（连续的 9）也应该小于 1。但是有很多方法可以证明 0.999…=1。设 x=0.999…那么 10x=9.999…=x+9。减去 x 得到 9x=9，所以 x=1。这样，我们就证明出了 0.999…=1。同理，1−0.999…的结果刚好为 0，而不是某个非常小的实数，甚至不是“无限小”这个超现实数。

为了更好地理解这个奇怪的结果，我们需要知道 0.999…或者其他用无限小数表示的实数代表着什么含义。在十进制中，π（3.14159…）表示的是 3、3.1、3.14、3.141…这样一个无限延续的数列。同样，我们可以只用那些有终止小数序列的有理数来定义所有实数（不是所有有理数都有终止序列，如 1/3）。0.999…是 0.9、0.99、0.999…的极限，事实上就等于 1。

超现实数给这个现象带来了全新的诠释。在超现实数中，只有一些特定的数是按照有限的步骤定义的。这就是所谓的二进有理数，它是分母为 2 的乘方的分数。因此，在处理这样的超现实数时，使用二进制更有意义。在二进制中，0.999…=0.111…也就是 1/2+1/4+1/8+…，结果还是等于 1。对于实数，我们知道在实数十进制（或者二进制）中无限意味着什么，但对于超现

实数则是另一回事了。例如（为了简单起见我们用小数表示），$\pi=3.14159\cdots$那么用超现实数该如何表示呢？无疑它大于3、3.1、3.14⋯，4也符合这个条件，在超现实数中仅凭这些数会得到结果4。同样，π肯定小于4、3.2、3.15等等，但在超现实数中只会得到3。因此，我们需要将两个集合同时放在一起确定π的准确值，它可以表示为{3，3.1，3.14，⋯|4，3.2，3.15，⋯}。

那么0.999...或者二进制的0.111...该怎样表示呢？在超现实数中（使用二进制），则是{0.1，0.11，0.111，⋯|1.0，1.00，1.000，⋯}数列L向1逼近，并且在实数中的确极限为1。而集合R只包含一个数，就是1。由此我们得出一个奇怪的结论：0.999⋯实际上是小于1的，并且其大小恰好等于$1-\varepsilon$；而1.000⋯则比1大，等于$1+\varepsilon$。这也说明，在处理超现实数时，用十进制或者二进制来表示数字不够好，我们应该直接考虑集合L和R。

当艾萨克·牛顿和戈特弗里德·莱布尼茨分别发明出微积分时，有个问题似乎一直存在。这就是，如何在不涉及0/0这种尚未定义的情况下表述愈来愈小的变化。早期批判牛顿微积分的乔治·贝克莱主教说：

> 这些流数[①]是什么？逐渐消失的增量的速率？那这逐渐消失的增量又是什么？它们不是有限的量，也不是无限小

① 牛顿提出的概念，指的是随时间变化的自变量的改变速度，即变化率。

的量，它们什么都不是。难道我们不能称它们是逝去的量的幽灵吗？

在牛顿建立的体系中，某段时间间隔中的变化速率是能够被描述的，不论时间间隔多小，都可以清楚地看见这个数值正在不断趋近于一个具体的值。困难在于要在不诉诸无穷小的情况下证明这个值是一个真实的数值。牛顿用字母 o 表示一个任意小的数加到一个量 x 上以求得的变化率。然后，他删除了所有包含 o 的项，因为它们可以忽略不计。这些项的值尽管很小，却不等于 0，怎么能简单地把它们消除呢？这是对这个证明方法最大的质疑。最后，当数学的其他部分都建立在坚实的逻辑上时，唯独微积分建立在人们自己的“规定”上，因为任何使微积分更加严谨的尝试都会面临两个选择：要么不可避免地引入 0/0，要么将很小但又不是零的项直接忽略，直接视作零。

如今在微积分中，为了避免处理无限小，我们使用了“极限”这个概念，这是法国数学家和哲学家让 · 勒朗 · 达朗贝尔在 18 世纪中叶提出的一种方法。如果我们让一个变量（通常用 x 表示）无限接近某个数字但又没有达到它，那么极限就是我们指向的端点。这种方法可以使我们避免数学中一个极大的尴尬——发现自己正在除以 0。假设我们在计算当 x 趋近于 1 时 x^2-1 除以 $x-1$ 等于什么。我们不能简单地代入 $x=1$ 然后快速得到结果，因为那样就会得到 0/0。相反，我们必须让 x 一点一点接近 1：

当 $x=0.5$ 时，$(x^2-1)/(x-1)=1.5$；当 $x=0.9$，$(x^2-1)/(x-1)=1.9$；当 $x=0.999$ 时，$(x^2-1)/(x-1)=1.999$，以此类推。在这种情形下，端点显然是 2，尽管我们不能通过代入 x 的值立即求得最终的答案。这只是这个过程的极限。

在某种程度上，数学上越来越接近于零就像物理学家们不断努力创造一个越来越完美的真空——一个没有任何物质的空间。这种寻找真空的努力最早可以追溯到 17 世纪，当时，意大利物理学家和数学家埃万杰利斯塔·托里拆利了解到，不论多么强大的工人团队都不能用水泵把水抽到 10 米以上的垂直高度。1643 年，托里拆利决定用水银代替水来做这个实验，因为水银的密度更大，所以它的高度就会小得多。他发现在这种情况下，水银的高度大约只有 76 厘米。然后，他拿起一根稍长于 76 厘米的管子，封住一端，装满水银，然后将倒置的管子放入一个同样装有水银的碗中。不论重复多少次，水银柱总是下降到 76 厘米。由于空气无法进入柱顶的空间——柱底的开口部分淹没在水银中——托里拆利推断自己制造出了真空。可以肯定，这虽然不是一个完美的真空（比如会含有少许汞蒸汽等），但它足以反驳一个古老的哲学命题：自然界憎恶真空。

圆柱的总高度并不影响水银柱的高度，但当托里拆利在半山腰做同样的实验时，他注意到水银柱的高度要低一些。托里拆利意识到，水银柱落下是空气在推动，而不是真空在吸引，他由此得出结论："我们生活在空气这个海洋的底部。"他的发现

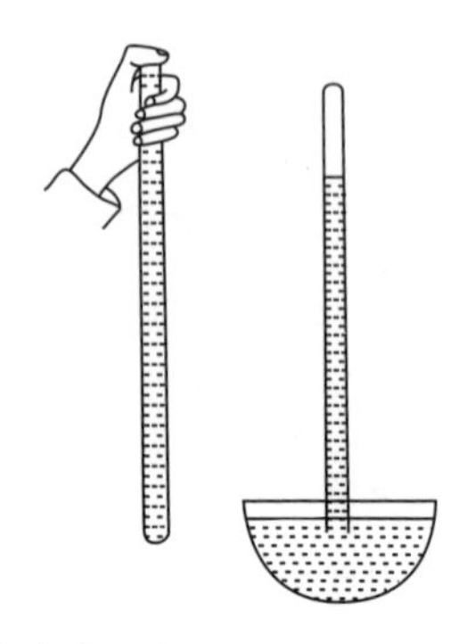

托里拆利的水银实验，驳斥了“大自然憎恶真空”的说法

是对亚里士多德（以及中世纪教会）世界观的最后一击。为了回应真空不可能存在的说法，托里拆利直接创造了一个真空。

但时代在前进。在经典物理学中，也就是 20 世纪之前的物理学中，牛顿、托里拆利和其他科学家们都以为完美真空在理论上是可能存在的。我们可能缺少从密封容器中去除所有空气分子的技术，但至少可以设想做到这一点。当我们抽掉所有空气，剩下的将会是一个没有任何物质粒子的空间。然而，随着量子力学的诞生（第九章的主题），所有关于空间和时间、物质和能量的先入为主的概念都被打碎了。从这个物理学新视野出发，我们认识到我们永远不可能实现真正的真空——一个绝对没有任何物质粒子或能量的地方。

所谓的量子真空，也就是我们生活的空间所能达到的极限，它充满了粒子。这些物质不是电子、质子、中子、原子、离子和分子等组成的我们所看到的传统物理宇宙的物质，而是“虚拟粒子”。若是没有被人观察到，这些短暂的生命会自发地出现和离开，然后再次消失，不留任何痕迹。量子力学中的海森堡测不准原理能够证明虚拟粒子的存在，该原理认为我们无法确切地知道一个粒子的位置和动量：你越精确地测量一个粒子的位置，能获得的关于它的动量的信息就越少。同样的道理也适用于能量和时间的关系：你对能量的测量越精确，对时间的测量就越不准确。根据海森堡原理，能量的测量总是存在不确定性（根据著名的等式 $E=mc^2$，能量和质量等价），因此粒子可以在我们有机会观察它们之前突然短暂地出现，然后消失。量子真空中充斥着来来去去的虚拟粒子，这使得人们永远不可能实现传统意义上的“完美真空”。

是否正是这样的量子涨落——一个粒子从虚无中自发出现——催生了整个宇宙呢？现代宇宙学家引用这样的观点来解释我们周围所见的一切事物最初是如何产生的：刚开始什么也没有，然后下一刻，一个量子抖动让整个宇宙开始运动起来。这是一个有趣的想法：用现代视角来看待过去虚无的创造之谜。但仍有许多疑团没有解开，例如，在宇宙诞生之前，一定还有什么东西已经存在。虚空——物理世界的零——无法存在。即使没有任何物质存在，至少量子物理定律，以及最终在其背后的数学定律等是存在的，有了这些定律，就能实现从无到有。

第三章　支配宇宙的七大数字

1 是个奇数，所以当你想当第一，你必是个“奇才”。

——瑟斯博士

7？为什么不是 10 这样更“圆满”的数字？我们之所以认为 10 是一个圆满而特别的数字，仅仅是因为我们有十根手指，因此围绕 10 开发了最常用的数字系统。如果人类有八根手指来数数，那么我们的数学肯定就会基于“八进制”而非十进制了。因此公平地说，就征服宇宙的数字群体而言，7 和其他数字并无任何区别。

《生活大爆炸》中的首席怪人谢尔顿·库珀说，最完美的数字是 73。为什么呢？

谢尔顿：73 是第 21 个质数。将它反过来，37，则是第

12 个质数。再将 12 反过来，21，则是 7 与 3 的乘积。

莱纳德：我们明白了，73 是数字界的查克·诺里斯！

谢尔顿：那是抬举查克·诺里斯了！73 在二进制中是一串回文数字 1001001，反过来还是 1001001。而查克·诺里斯名字倒过来没有任何意义！①

谢尔顿经常穿着胸前印有“73”的衬衫，而道格拉斯·亚当斯《银河系漫游指南》的书迷们可能更喜欢胸前印有“42”的衬衫。毕竟，它是生命、宇宙和世间万物的答案，是由超级计算机“深思”消耗 750 万运算年的算力得出的结果。那些为选择 42 辩护的人可能会指出：钼元素的原子序数 42，恰巧是宇宙中第 42 个最常见的元素；或者说，世界上最畅销的三张专辑——迈克尔·杰克逊的《颤栗》(*Thriller*)，AC / DC 乐队的《回到黑暗》(*Back in Black*) 和平克·弗洛伊德的《月之暗面》(*The Dark Side of the Moon*) ——时长都是 42 分钟。但其实这只是一个小玩笑，亚当斯本人说：“我坐在桌前，盯着花园，心想就 42 吧。我随即打出来。剧终。”

抛开玩笑不谈，宇宙中最重要的数字到底是哪些？当然这取决于我们如何定义：是最常见的、最有趣的（不管出于什么原因），还是数学上最重要的？但实际上，没有什么数字是无

① 美国著名演员查克·诺里斯（Chuck Norris）的名字倒过来为 Sirron Kcuhc。

趣的。有一次，英国数学家 G. H. 哈代乘坐一辆车牌号为 1729 的出租车去看望卧病在伦敦一家医院的印度天才数学家斯里尼瓦萨·拉马努金（详见第八章）。在问候拉马努金之后，哈代说 1729 这个数字看起来很乏味。拉马努金立即纠正道：“不，它是非常有趣的数字，它是‘可以用两种方法的立方数之和表示的数’中最小的数。”（$1729=1^3+12^3=9^3+10^3$）逻辑学也显示并不存在完全“无趣”的数，因为如果存在的话，就应该有一个“最小的无趣的数”,而它也会一下子因其创纪录的“小”变得有趣！然后，它会被一个新的“最小的无趣的数”取代，这个数字又会因为同样的原因而变得有趣，以此类推。

物理学中有一些重要的数字，乍看似乎可以列为有趣的数字，如光速、万有引力常数、阿伏伽德罗常数等。但是这些数大部分取决于选用的单位。某种程度上，真空中的光速是物理学中最重要的量，但它的数值取决于单位是公里 / 秒（299 792）、英里 / 秒（186 282）或其他单位而有所不同。物理学中唯一取值不依赖于单位的常数是所谓的无量纲常数。最重要的无量纲常数是精细结构常数 α，它的值约等于 1/137，在原子和亚原子物理学中经常出现。它可以被视作电子等带电粒子之间电磁相互作用强度的测量值。除此之外，它还有许多解释，同时似乎对我们所处的宇宙有深刻意义，只不过我们还没有探究清楚。精细结构常数的迷人之处不仅在于它的普遍性，还在于（连同其他几个因素）它可表示为自然界三大基本常数的组合：电子电荷的平方值除以普朗克常数与光速的乘积。在其他场合，精细结构常数 α 的确也许可以成为宇宙中排名前七的数字。但本书主要关注数学而非物理学，因此 α 只能作为“名誉提名”出场了。

有两个数字在数学领域无处不在且非常有名，一定能被选入我们的“数字名人堂”——π 和 e。它们就像是数字界的披头士乐队和滚石乐队。普通人对 π 更熟悉，因为我们在学校里都学过。π 是圆周率，是圆的周长（C）与直径（d）的比率，即 $\pi=C/d$。π 是一个奇妙的存在：为什么不管圆的大小如何，周长与直径的比总是一样的呢？这是因为所有的圆（至少在平面上）都是相似的，“相似”是一个数学术语，它们在数学上都是彼此的缩放版本。圆的面积（A）公式 $A=\pi r^2$ 中也包含 π，r 则是半径。该公式可以视作将圆不断切割成越来越小的碎片，并排列成一个容易计算的形状来求得圆的面积。

只要涉及圆，就会出现 π，因为它的几何学根源与圆的形状密不可分。但是 π 的神奇之处在于，即使看不到圆，它也能像魔法一样习惯性显现出来。例如，序列 $1/1^2+1/2^2+1/3^2+1/4^2+1/5^2\cdots=1+1/4+1/9+1/16+1/25\cdots$ 随着我们加入越来越多的项，它的值会愈发接近 $\pi^2/6=1.645\cdots$。这个分数的倒数是 $6/\pi^2$，等于两个数字互质的概率，假使这两个数字足够大的话。换而言之，它们除了 1 之外没有其他的公因数。事实上，π 与质数（除了自身和 1 之外没有其他因数的数字）的分布似乎有着神秘的密切联系。

在某种程度上，它最终走向了一个叫作黎曼 ζ 函数的公式（详见第十三章），数学中最重要的研究对象之一。为什么我们最初在计算圆的过程中发掘的作为圆的基本性质的数字会突然与质数发生联系呢?

π 也出现在关于“布封投针问题”的解答中。该问题由法国博物学家乔治－路易·勒克莱尔（后来成为布封伯爵）在 18 世纪提出：假设有一块地板由纹路平行且等距为 l 的木头组成，如果一根长度为 l 的针掉在地板上，它落地时与其中一根木纹相交的概率是多少？答案是 2/π。

回到 1655 年，英国牧师、数学家约翰·沃利斯（他创造出表示无限的符号 ∞）发现：

$$\pi = 2\left[\frac{2}{1}\cdot\frac{2}{3}\cdot\frac{4}{3}\cdot\frac{4}{5}\cdot\frac{6}{5}\cdot\frac{6}{7}\cdot\frac{8}{7}\cdot\frac{8}{9}\cdots\right]$$

我们将时间快进到 2015 年，罗切斯特大学的两名研究人员卡尔·哈根和塔玛·弗里德曼惊讶地发现，在计算氢原子的能级时出现了完全相同的公式。哈根是粒子物理学家，他一直在教授学生一种量子力学中的方法——变分法。这种方法可以估算复杂系统中电子的能量状态，例如分子，但在其中求得精确解是不可能的。哈根认为学生们可以通过计算氢原子的能级来练习变分法，因为氢原子的能级能够准确计算，从而可以了解到粗略计算方法的误差有多大。当哈根自己进行计算时，他很快察觉到了一种规律：对于处于低能级的氢原子，这种方法的误差是15%；而对于倒数第二低能级的氢原子，误差是10%；随着能级不断提高，误差变得越来越小。哈根请数学家同事弗里德曼研究了在更高能级下的近似值趋势，发现随着能级的增加，该方法所接近的极限与沃利斯的发现完全吻合。

物理学家对π并不陌生，在库仑电荷定律、开普勒行星运动第三定律和爱因斯坦广义相对论的场方程中都有它。当圆形、球形或者由圆周运动产生的周期性运动出现时，π就会登场。但出人意料的是，即使没有圆或正弦波，π也会出现，在上述哈根的例子或海森堡测不准原理中也是如此。有时候与π的圆形起源的联系最终可以被找到，但其他时候它与我们学生时代的几何没有明显的关联：π在物质世界和数学领域都无处不在。

最重要的七个数字中，另一个数字某些方面与π相似，但知名度没那么高。e也称“欧拉数”，其值为2.71828…，比π小一些，但和π一样都是无理数和超越数。无理数是指它不能写成一个整数除以另一个整数的形式，而超越数是指它不是$x^3+4x^2+x-6=0$这类方程的解，换言之，不是一个整数（或有理数）系数多项式的方程的解。

与π不同，e没有一个明确的定义。它产生于许多公式，任何一个都可以作为它的定义。但理解e的一个简单方法是考虑复利问题。事实上，瑞士数学家雅各布·伯努利就是在1663年以这种方式首次发现了 e：假设你在一家年利率为 100% 的银行存了 100 英镑，利息按年支付，到年底你会得到 200 英镑。现在假设另一家银行与这家银行利率相同，但利息支付是每半年一次，每六个月你会得到 50% 的复利，那么到年底会得到 225 英镑。显然利息支付越频繁越好，如果利息按月支付，那么在年底你能获得 261.30 英镑；如果利息按天支付，那么到年底你能获得 271.46 英镑。利息支付的间隔越短，复利就越多，但你能获得的利益是有限的。事实上，如果利息连续以复利计算支付，那么到年底你将获得 100 倍 e，四舍五入也就是大约 271.82 英镑。

e 出现的另一种情况与指数增长有关。指数曲线是由一个数的 x 次方所定义的曲线。曲线的斜率或陡度随 x 的增大而增大。指数曲线 2^x 在任意点 x 处的斜率约为 0.693×2^x，曲线 3^x 在点 x 处的斜率约为 1.098×3^x。

通常指数曲线的斜率总是与高度成正比。但是有一种特殊情况，其斜率正好等于高度，这就是曲线 e^x。不仅曲线 e^x 的斜率在每一点上都等于其高度，斜率的增长率，以及斜率增长率的增长率等都与它的高度相等。

和 π 一样，e 也常常在一些意想不到的地方出现，而且出现在似乎完全无关的数学领域。假设你有两副扑克牌，你分别洗牌，然后发出每副牌的第一张牌、第二张牌，以此类推。那么，你所发全部牌中没有连续两张牌是相同的，这个概率有多大？答案非常接近于 $1/e$。事实上，它是 $1-1/1!+1/2!-1/3!+1/4!-$

…$-1/51!+1/52!$ 计算出来的结果（其中“！”是阶乘；如 $4!=4\times3\times2\times1$），大概与 $1/e$ 的差距不到 $1/53!$。假设每副牌中每种牌仅有一张，随着两副牌中纸牌数量的增加，发牌中没有相匹配的牌的概率会越来越接近 $1/e$。

无处不在的搜索引擎背后的谷歌公司，对 e 这个数字尤为喜爱。在 2004 年上市时，它宣称公开募股的目标是筹集 e 个十亿美元，或者说（最接近）2 718 281 828 美元。此后在人才招聘中，谷歌在硅谷、西雅图、奥斯汀和马萨诸塞州的剑桥等地都贴了广告牌，上面写着：“{e 的位数中的前 10 个质数 }.com”。解开这个谜题需要一点数学知识，当你进入这个网站，会发现上面写着：

> 恭喜！你进入了第二层考核。现在请登录 www.linux.org，输入用户名“Bobsyouruncle”，而密码需要解出下面这个方程获得：
>
> F(1)= 7182818284
>
> F(2)= 8182845904
>
> F(3)= 8747135266
>
> F(4)= 7427466391
>
> F(5)= ___________

最后，那些找到 F(5) 的值并前往已出现的网站的人，会收到面试邀请：

> 恭喜你，干得漂亮！欢迎来到谷歌实验室，我们很荣幸你能加入。

讽刺的是，很多解不出答案的人可以通过“谷歌一下”来获取别人上传的答案——这样做能不能帮他们通过接下来的面试就不知道了！

当我们在甄选七个宇宙最佳数字的时候，绝对不能遗漏第一个也是独一无二的……1。因为任何数字与 1 相乘都等于其本身，它是自身的阶乘（$1!=1\times1$），自身的平方、立方。它还是自己的倒数，$1/1=1$。1 是第一个奇数，第一个正整数，也是唯一一个既不是合数（即有除自身和 1 之外的因数的数）也不是质数的数。它是第一个三角形数，或者任何形式的形数，是斐波那契数列的第一个和第二个成员（这个数列从 1 开始，然后将前两个数字相加：1、1、2、3、5、8、13……）。作为循环小数，1 可以写作 1.000…或者如我们前面所见，也可以写成 0.999…。

1 在许多基础数学领域都有着至关重要的作用，例如在集合论和数字系统的公理化中。在普遍接受的以自然数体系为基础的标准规则或公理中，1 是 0 的“后继数”，换言之，是生成集合中下一个成员的载体。

在哲学领域中，“1”常被视作现实世界的真实状态或终极状态。根据这种观点，我们看到的世间万物、种种变化，都不过是幻觉。所有事物的最终状态是一个“无法分割的、彼此相连的整体”的一部分。总的来说，物理学认同这一观点，由于引力等相互作用，在自然界中没有事物是孤立存在的。更重要的是，宇宙学还认为宇宙中所有物质和能量都起源于大概 138 亿年前发生在单一时间和单一空间上的单一事件。毕达哥拉斯学派也持有大致相似的观点：宇宙万物都起源于“单子”——第一个存在的事物——单子产生了二元，二元又是所有数字的来源。

在数字 1 出现很久之后，数字 −1 才出现。就像零一样，负数必须被发明(或发现)。因为一开始负数显然没必要存在。毕竟，你不可能有“−3 只羊”或者“−8 片面包”。但事实证明，无论是在纯数学领域还是实际的日常事务中，它们都是有用的。在负数被发明几个世纪之后，数学家们开始思考负数的平方根是多少。大家都知道 25 的平方根是 5，但是什么数字的平方是 −25 呢？换句话说，方程 $x^2=-25$ 的解是多少？答案不可能是一个实数——在数轴上向更大的正数无限延伸，同时在相反的方向向更大的负数延伸的数字。肯定是数学中从未出现过的怪物。在 17 世纪甚至更早之前，有些数学家开始认真思考平方为负数的可能性，但其他数学家则嗤之以鼻，认为这种数是“虚数”。尽管具有误导性，这一名称仍然沿用至今，我们现在把$\sqrt{-1}$作为虚数单位元，或简称为 i。

π、e 和 1 能够位居七大数字很容易理解，因为它们在数学世界和现实中都很常见，而且是正数，我们可以按正常方式来度量和处理。但是 i 乍一看好像没有资格被褒奖。除非在学校上过高等数学课程，或者专攻数学或物理学，很少有人会在日常生活中遇见 i 这个数字。尽管如此，i 是非常特别的存在。首先，它是整个数字系统内大大拓展实数以外内容的基础。“复数”系统（又是一个误称！）的发现为数学开辟了一片广袤的新领域，相当于天文学家在太阳系以外发现了一个不可思议的宇宙。i 是复数的组成部分，比如 $5+2i$ 既有实数部分也有虚数部分。复数理论是复分析（研究复数方程的学科）的基础，而复分析又为数论、代数几何和应用数学的许多领域带来了重大突破。

没有 i，现代物理学几乎不可能产生。量子力学中的基本方程——薛定谔方程——就包含 i，并且方程的解（即“波函数”）是个复数。即便是在经典物理学中，一旦我们需要对某种周期性运动建模，例如水波或光波，那么 i 就会出现。尽管对于描述理想状态下的物理运动，如永恒摆动的钟摆模型，实数已经够用，但一旦将更多复杂的因素考虑在内，如抑制钟摆运动的摩擦力，在数学上处理这个问题的最好方法就是把 i 带入方程。同样在流体动力学中，如果流体的运动状态变得不稳定，并且逐渐朝着湍流点移动时，也需要使用 i；在爱因斯坦的广义相对论中，时间间隔可以认为是距离乘以 i；在电气工程中，需要表示交流电的振幅或相位时也会用到 i（除非工程师更喜欢用 j 而非“−1 的平方根”，以免与表示电流的符号 i 混淆）。

目前为止，我们已经介绍了七大数字中的前四个：π、e、1 和 i。0 当然也跻身了名人堂，诸多理由我们在第二章说过了，这里无须赘述。令人惊讶的是，五个明星数字都出现在了欧拉恒等式中：

$$e^{i\pi}+1=0$$

这个神秘的方程以最简单的方式将数学中五个最重要的数字与四种基本运算（加法、乘法、指数和等式）联系起来。美国物理学家理查德·费曼称它为“数学中最非凡的公式”。19 世纪的哲学家、数学家本杰明·皮尔斯在哈佛大学的一次演讲中提出了这个公式的证明，并说“尽管我们不能理解它，也不知道它意味着什么，但我们已经证明了它，因此我们知道它一定是个真理”。

事实上，证明欧拉恒等式并不太难——它只涉及一些简单的算术和使用复数的微积分运算。该公式的幂部分可以通过一个粒子（动点）在复平面上的运动，有优雅的几何学解释。指数函数用于描述一个粒子从 1 的位置开始穿过复数平面的过程，其速度等于它到原点的距离，因此粒子离原点越远，移动得就越快。公式中代入实数，则粒子会以越来越快的速率离原点越来越远，其速度在任意时间 t 都能达到 e^t。但如果公式中代入虚数，则粒子的速度与其所在的位置呈 90° 角，因此运动轨迹是一个圆。粒子绕圆旋转一周所需的时间为 2π（圆的周长是 2πr）。因此，在 π 时间后，粒子走过了圆的一半，到达 −1 处。这以另一种方式解释了为何 $e^{i\pi}=-1$。

以发表的作品来看，莱昂哈德·欧拉是最多产的数学家。他在不同领域都工作过，也被认为是有史以来最伟大的数学家之一，因此毫不意外，他开创的数学领域中许多结论、定理等和他的名字联系在一起。仅在本章我们就讲解了欧拉数字（e）和欧拉恒等式。下面我们将介绍欧拉常数，它的值精确到小数点后五位，由欧拉 1735 年在《论调和级数》中首次提出。1781 年，他将近似值扩展到了小数点后十六位，九年后意大利数学家洛伦佐·马斯切罗尼进一步精确到三十二位，因此这个数字也被称为“欧拉—马斯切罗尼常数”。但这位意大利人是否完全配得上这一殊荣还有待商榷，因为他把后十三位数算错了！欧拉—马斯切罗尼常数不如 π 或 e 有名，但是它进入排行榜前七名的原因和这两个数一样——在不同数学领域中出现的大量数位，以及与很多重要公式和结果的联系。欧拉常数用 γ（小写伽马）表示，因为它与伽马函数关系密切。伽马函数是一个具有普遍性的阶乘函数，用 Γ（大写伽马）表示。对伽马函数最简单的定义方式是：当 n 逐渐变大时，其值逐渐接近如下表达式：

$$\gamma = 1+1/2+1/3+1/4\cdots+1/n-\ln(n)$$

此处 ln 表示自然对数。ln(n)表示 n 是 e 的多少次幂。例如 n=1000 时，ln(n)=6.908（近似值），因为 $e^{6.908}$=1000（近似值）。序列 1+1/2+1/3+1/4⋯+1/n 的值被称为“调和级数”，随着 n 的增加，尽管它的确会发散（换句话说，无限增长下去），但增值非常缓慢。ln(n) 也是如此。当 n 趋于无限时，这两个缓慢发散的函数的差值恰好是 γ。

γ 的值从 0.57721566⋯开始，已被计算机计算到小数点后超过 1000 亿位。不过令人惊讶的是，我们不知道 γ 具体是什么样的数。实数包含有理数和无理数；无理数既可以是代数数，也可以是超越数。例如，我们可以确信 2、3.14 和 1/3 都是有理数，同样可以肯定 π、e 和 $\sqrt{2}$ 是无理数。我们还知道 π 和 e 是超越数，而 $\sqrt{2}$ 是代数数。但奇怪的是，尽管 γ 非常重要和普遍，数学家们却不知道它是有理数还是无理数，更别说超越数了。事实上，确定 γ 的状态是数学中一个重要的未解问题。大卫·希尔伯特认为在他的年代这个问题是“无法解决的”。数论领域的两位巨人，英国数学家约翰·康威和理查德·盖伊都表示，他们“准备断定 γ 是超越数”。目前我们可以肯定，如果 γ 是有理数，则可以写成 a / b 的形式，a 和 b 都是整数，且 b 必须不小于 $10^{242\,080}$。

将质数应用于类似的式子可以得出一个与 γ 相似的常数，叫作梅塞尔—梅尔滕斯常数。我们看看这个级数：

$$N=1/2+1/3+1/5+1/7+1/11...+1/n-\ln(\ln(n))$$

梅塞尔—梅尔滕斯常数 M 被定义为当 n 趋近于无穷时 N 的极限值。换句话说，它是当 n 不断变大时，上面这个级数趋近的值。从质数的倒数总和与 $\ln(\ln(n))$ 之间的差值 $M\approx0.2615$ 可以看出，它的发散速度异常缓慢。尽管我们知道 $\ln(\ln(n))$ 会发散到无穷，但你永远也猜不到它的增长速度。事实上，当 n 达到超大数字 googol（10^{100}）时，$\ln(\ln(n))$ 仅为 5.4 左右。当 n 攀升到令人眼花缭乱的 googolplex（即 10^{googol}，这个数字非常大，即便每个 0 都写成一夸克那么小，整个宇宙也装不下）时，$\ln(\ln(n))$ 才约为 231。

γ 在数论、数学分析（微积分是其中之一）和函数处理中时常出现。尽管我们大多数人对 γ 有些陌生，但许多与其相关的公式和领域对数学家和科学家至关重要。例如，γ 是所谓耿贝尔分布的中心，耿贝尔分布可以在先前的极限值已知的情况下，预测未来的最大值和最小值，在预测一定时间内自然灾害（如火山和地震等）发生频率的可能性时非常实用。通过前面提过的伽马函数 Γ 的作用，γ 可以用于加密系统的建模，以应用于确保交易安全的数学研究中。γ 还在贝塞尔函数的解中出现，贝塞尔函数可以用来模拟波状系统，如波导天线的设计、薄膜的震动以及物质热传导等领域——这些都与手机的设计息息相关。

七大数字中最后但同样重要的是一个我们难以想象的数字。

哲学家们一直在思考无限，但是数学家们却尽可能回避这个问题。例如，数学家们很乐于承认数字没有尽头，线条可以在任何方向无限延伸，但不愿意在数学中真正处理无限——直到乔治·康托尔出现，他不顾激烈反对，创造出集合理论和不同阶的无穷大的存在。

康托尔将最小的无穷大，即所有自然数的集合，称为阿列夫零（$\aleph_0$），$\aleph$ 是希伯来字母表的第一个字母。这是第一个超限数。你也许听说过：无穷大不是一个数，事实上是一种不同类型的数。超限数也遵循严格的规则，其运算能够被了解和分析，只是它们的模式与我们所熟知的任何数都不同。

$\aleph_0$ 与任何数相加都不会发生变化。$\aleph_0+1=\aleph_0$，$\aleph_0+1000=\aleph_0$。你甚至可以把 $\aleph_0$ 自身加上，或把它与任意有限的数相乘，它仍然是 $\aleph_0$。它看起来坚不可摧、无法动摇。但有一种方法可以获得另一种无穷大，那就是用 $\aleph_0$ 做幂。当我们写下 $2^{\aleph_0}$ 或者将任何有限数甚至 $\aleph_0$ 自身提升 $\aleph_0$ 次方，我们在无穷大的层级就提升到阿列夫 1，写作 $\aleph_1$（假设“连续统假设”为真，该部分在第十三章会继续介绍）。尽管 $\aleph_0$ 巨大无比，但它仅仅是无穷大数字体系中最小的一个，每个新的无穷大数字都在上一个的基础上不断扩大。理解无穷大数字给我们的思维带来极大挑战，因为我们的思维是有限的。

$\aleph_0$ 是七大数字中的最后一个，不仅因为它的数值巨大，还因为它代表了数学中一种非常重要的对象。只要在学校的数学课上学过或在微积分入门中做过级数极限的人，都会遇到“无限”。事实上，“无限”的概念支撑着整个“实分析”领域，形成了微积分的基础。它也是测度论的核心，我们对概率相关问题最深刻的见解就由此而来。在物理学中，用于量子力学公式的“希尔伯特空间”不仅大小是无限的，在维度上也是无限的。最后，通过 $\aleph_0$ 间接衍生出一些奇异的超限数，不仅被应用在一些最基础的数学领域，还通过“快速增长层级”函数，不断生成人类所能想到的最大的有限数字。

第四章　镜中世界

无论广义还是狭义上，对称都是古往今来人们试图去理解并创造秩序、美和完善的重要概念。

——赫尔曼·外尔

作者戴维以前的数学老师凯耶先生非常喜欢问年龄大的学生一个问题："非对称是如何进入宇宙的？这是我非常想知道的。"这几乎和"宇宙中为什么存在万物，而不是一无所有"一样基本。宇宙中为什么存在非对称，而不是所有事物都对称呢？换句话说，宇宙是怎样区分事物的一边和另一边呢？

几乎所有事物都同时存在对称和非对称。例如人体，从外部来看，不管是从前面还是后面看，基本是左右对称的。人们认为对称的脸更有吸引力。但令人惊讶的是，大部分脸都是非对称的，而人体内部则充满对称与非对称的结合。在数学和自然界中也是如此。

在数学和生活中，我们首先遇到的对称的例子来源于生活中的物体和几何学。我们注意到，有些物体的左右两边是完全一致的，这就是所谓的“轴对称”：一个形状与其镜像完全相同。英文大写字母的印刷体展示了各种轴对称方式：有些字母如M和C，具有一条对称轴；而其他一些字母如G则没有对称轴；H有两条对称轴，水平对称轴和垂直对称轴。字母X和Y非常有趣。这里印出来的X有两条对称轴，但当X的两臂夹角都是90°时，它会有四条对称轴——垂直对称轴和水平对称轴，以及两条对角线对称轴。印刷体Y有一条对称轴，但如果Y写成每条边都同样长，且两边夹角均为120°，则会变成有三条对称轴。

在思考对称问题时，镜子是一个迷人的话题。为什么镜子可以让事物的左右翻转，而不是上下翻转呢？这个问题常出现在报刊的来信和提问栏目中，同时也是作家刘易斯·卡罗尔《爱丽丝镜中奇遇记》的灵感来源。1868年末的一天，在伦敦昂斯洛广场附近，一个名叫爱丽丝·雷克斯的女孩在家中花园玩耍，隔壁的查尔斯·道奇森（也就是刘易斯·卡罗尔）当时与叔叔一起住。一天，道奇森对爱丽丝喊道：“那么你是另一个爱丽丝了！我非常喜欢爱丽丝这个名字！[①]你愿意过来看一个让人琢磨不透的东西吗？”爱丽丝跟着他走进了他叔叔家里，来到了一个房间，

① 他的名作《爱丽丝漫游仙境》就是以牛津大学基督教会学院院长的女儿爱丽丝·里德尔命名的。

角落里有一面大镜子。他让爱丽丝拿着一个橘子。

“现在你先告诉我你哪只手拿着橘子？”

“右手。”

“现在，走到镜子前，告诉我你看到的那个小女孩哪只手上有橘子？”

“是左手。”

“没错，这是怎么回事呢？”

“如果我在镜子的另一端，那橘子不还是在我的右手上吗？”

“太棒了，爱丽丝！这是我听过的最好的答案。”

多年后，想起这段对话，爱丽丝·雷克斯（威尔逊·福克斯夫人）说：“当时我没再听到更多的消息，但几年后有人告诉我，道奇森先生说这是他创作《爱丽丝镜中奇遇记》的第一个灵感来源。他把书寄了一本给我，也会定期寄别的著作。”

回到我们的问题，如果镜子可以将事物左右交换，为什么上下不可以？一个常见的回答是，镜子实际上没有颠倒左和右，而是颠倒了前和后。的确如此：你镜子里的映像与真实的你的朝向是相反的。但这样简短的解释不能完全解开谜团。实际上，如果你面前没有镜子，而你正在看着与你一母同胞的双胞胎，那么他/她的手和你也不一样。如果你左手上戴了一块表，那么你对面的人应该戴在右手上。镜子肯定做了左右翻转！但不论怎样，上下是不会颠倒的。想要更加确信这一点，你可以试试将这本书拿到镜子前面去读，如果没有发生左右交换，为何映照出来的文字如此难读？首先要记住，你在看的只是一张图片。镜子并没有创造出(抛开卡罗尔式的幻想不谈)某种相反的手性。其次，你要像爱丽丝·雷克斯可能做过的那样，理解文字在镜子的参照系中是如何呈现的。从镜中书页的反面去看文字，即从后往前看，从而抵消由反射造成的从后往前翻转，这很容易做到。在镜子中看来，字迹就是完全正常的。

大自然中存在许多镜像颠倒。就同卵双胞胎而言，卵子受精后一周多就会发生分裂（但不会晚到成为连体）。镜像成像可能有几种形式：双胞胎产生相反的发涡、相反的手性、相反的长牙位置、相反的双腿交叉方式，极端情况下，连器官也会左右颠倒。镜像同卵双胞胎的 DNA 几乎一模一样，显现不出任何差异。双胞胎的 DNA 双螺旋分子结构总是向一个方向旋转。但是有许多有机（碳基）分子的确有左型和右型的区别，在化学中，这种属性被称作“手性”。手性分子的镜像被称为对映体或光学异构体，单个对映体被称为右旋或左旋。化学家可以借助让物质通过平面偏振光（只在一个平面上振动的光，与其传播方向成直角）来区分物质的右旋和左旋。右旋的分子围绕偏振面向右旋转，而左旋的分子围绕偏振面向左旋转。

许多有重要生物学意义的分子都具有手性，包括糖类和天然存在的氨基酸，它们是蛋白质的组成部分。地球上生物体内发现的糖类大多数是右旋的（D），而氨基酸大多数是左旋的（L）。有趣的是，我们的味觉和嗅觉感受器是手性的，所以它们对左旋性分子和右旋型分子的反应不同。例如，左旋型氨基酸往往是无味的，而右旋型氨基酸尝起来则是甜味的。绿薄荷叶和葛缕子籽中都含有一种叫香芹酮的化学物质，但绿薄荷中的香芹酮具有左旋对映体，而葛缕子中的香芹酮具有右旋对映体，因此我们的味蕾和鼻腔感受器对这两种物质的反应会截然不同。

轴对称或镜像对称也被称为反射对称，是几何对称的一种形式。另一种形式是旋转对称，即一个形状在围绕点（二维中）或直线（三维中）旋转后保持不变。这种旋转可以是 180°、120°、90°，也可以是任意值 $360°/n$，其中 n 是整数。旋转对称可以在没有线对称的情况下独立存在。例如，字母 N 的旋转对称性为 2 阶，这意味着它在绕中心旋转 180° 后保持不变。但具有两条或多条对称线的形状必然有某种旋转对称。特别是，任何正好有 n 条对称线的形状必然具有 n 阶的旋转对称（旋转 $360°/n$ 时，形状保持不变）。

字母 O 是一个有趣的例子。这样写出来它是一个椭圆形，只有两条对称线，因此是 2 阶旋转对称。然而，如果把 O 写成一个完美的圆，有趣的事就发生了：它会拥有无穷多的对称线（任何穿过圆心的线都是对称线），它可以围绕中心旋转任意角度而保持不变。在平面上，有这种对称性的形状必然包括所有同心圆。

我们在学校学习的几何中，轴对称和旋转对称经常出现，其他的对称类型很少见，比如平移对称，它是指一个形状在平面内移动时保持不变。蜂窝状图案的平移对称从三个方向呈现，因为它由大小和方向都相同的正六边形组成，像拼图一样紧密地结合在一起。当然，真正的蜂巢大小是有限的，而平移对称是无限图形的特征，因此我们必须将蜂巢想象成向各个方向无限延伸。直线沿着自身运动时也具有平移对称性。然而，这种情况与无限周期性密铺图形（如蜂巢状花纹或方砖花纹）的情况有所区别，后者是离散的。或者说，平铺花纹必须按照一个固定数值的倍数进行平移，而不能像直线一样按任意距离进行平移。

第四种对称被称为滑移反射对称。滑移反射是一个形状沿直线反射，然后顺着直线的方向移动。与平移对称一样，这种对称在有限图形中不可能出现——当一个形状表现出滑移反射对称时，它一定是无限图形的一部分，并且具有平移对称。

平面上所有的几何对称（假设对称是刚性的，不能弯曲或拉伸平面）都属于这四类——反射、旋转、平移和滑移反射。然而在三维或更高的维度中，还有许多对称，比如中心对称（图形以一个点对称，而非在平面上对称）和螺旋对称（围绕一个轴旋转，然后沿轴平移，像螺旋一般）。

不同类型的对称如此之多，特别是在三维及多维空间中，因此问题自然就出现了：是否需要一种简洁有效的方法对给定

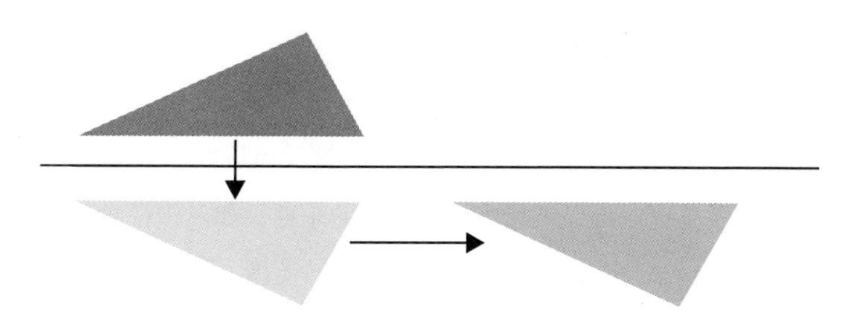

滑移反射

的物体进行分类？事实上是有方法的，但它把我们从熟悉的初等数学中的镜射和旋转带到了一个更抽象的领域——群论。

数学令人有点困惑的地方是它给众所熟知的词赋予了意想不到的独特含义，比如“无理”“虚数”“集合”“环”这些平时也很常见的词。对于数学家来说，“群”指的是一堆共用一个乘法表的对象的集合。这意味着对于“群”中任意两个元素 a 和 b 来说，都存在另一个元素“$a \cdot b$”，本质上是“a 乘以 b”。这种乘法不是任意的，它必须满足一个集合作为“真群”的某些属性。首先，乘法必须具有结合律，也就是说，任意三个或更多元素的乘积不依赖括号的位置，所以 $(a \cdot b) \cdot c = a \cdot (b \cdot c)$；其次，还存在一个单位元 e，使得 $a \cdot e = a$ 与 $e \cdot a = a$。因此，e 就像我们做普通乘法时的 1 和普通加法时的 0 一样，这两种情况都不改变运算结果。最后，每个元素 a 会有一个逆元，写作 a^{-1}，$a \cdot a^{-1} = a^{-1} \cdot a = e$。

值得注意的是一些算数定理，如乘法的交换律等，不属于群的基本性质。有些概念我们已经很熟悉，例如 $2\times3=3\times2$，但在群的情况下，$a \cdot b$ 并不总是等于 $b \cdot a$。（满足 $a \cdot b=b \cdot a$ 的是一种特殊的群，稍后我们会讲到，它被称为阿贝尔群。）从群的基本性质我们可以推导出一些重要的东西，如对于任意两个元素 a 和 b，一定有另一个唯一的元素 c，使得 $a \cdot c = b$。

现在我们已经掌握了处理群的所有必要方法，接下来可以具体地了解一下对称群。给定一个形状，我们可以构造它的所有对称图形的集合，即所有不改变它形状外观的变换方式的集合。e 表示“不做任何变换”，“•”可以理解为一次变换接着另一次变换，$a \cdot b$ 是“执行 b 然后执行 a”的缩写。因此，如果 a 是“以 y 轴为对称轴进行反转”，b 是“旋转 180°”，那么 $a \cdot b$ 表示“先旋转 180°，然后以 y 轴为对称轴进行反转”，这与单次“以 x 轴为对称轴进行反转”相同。最后，逆元 a^{-1} 的意思是“反向执行 a”，所以如果 a 是“顺时针旋转 60°”，那么 a^{-1} 就是“逆时针旋转 60°”。

最简单的对称群是完全不对称物体的对称群，如一张纸上的字母 R。这个群中只有一个元素，即单位元素 e，而这个群的乘法表只由 $e \cdot e = e$ 组成。这种情况下，唯一的对称方式就是什么也不做。很明显，这个群被称为平凡群。

有些具有非平凡对称性的形状可以用所谓的循环群来描述。n 阶循环群可以有多种理解方式，但它等价于整数的 n 模数（即整数除以 n 时的余数），其中 • 对应加法，e 对应 0。模运算也常被称为时钟运算，因为时钟是很形象的例子。模拟时钟是以 12 为模数的运算：如果现在是 7 点钟，再加上八个小时就会得到 3 点钟而不是 15 点钟。模拟时钟相当于一组 12 的模整数，而电子钟使用二十四小时制因此代表 24 模整数。平面上任何具有 n 阶旋转对称但没有对称轴或平移对称的形状，其对称群为 n 阶循环群，记作 Z_n。

另一种对称群是二面体群 D_n。它是一个有 n 条对称轴的平面形状的对称群，因此是 n 阶的旋转对称。例如，一个有 n 条边的正多边形的对称群是二面体群。二面体群 D_n 有 $2n$ 个成员：n 次旋转变换加上 n 次反射变换。与循环群不同，二面体群不是交换群，因此 $a \cdot b$ 不一定与 $b \cdot a$ 相同。要理解这一点，假设 a 和 b 是等边三角形的两个反射。重复两个反射得到一个旋转结果，但是如果调换反射的顺序，旋转的方向将会相反。

循环群和二面体群是仅有的二维图形的有限对称群。任何具有平移对称的形状都有一个无限对称群。然而，在三维空间中，由于对称种类的丰富性，存在着更复杂的群。例如，四面体的对称群是 S_4，即四个顶点所有排列组合的群。其中一种排列可能是“将 {1，2，3，4} 重新排列为 {2，4，1，3}”，另一个可能是“将 {1, 2, 3, 4} 重新排列为 {1, 3, 2, 4}”。同样，“单位元”就是“什么也不做”。请注意，要想将这个群和四面体的群对称起来，如果给四面体的每个顶点标记一个数字，那么我们只需旋转和反射，就可以把这些数字重新排列成我们选择的任何顺序。

总的来说，关于对称我们往往联想到我们能看到或想象到的各种形状、物体，以及几何图形。但是对称这一重要概念也出现在数学其他领域，比如代数，尤其是在多项式方程中。这类方程的项包含 x 的幂，例如，$x^5+3x^4-2x+8=0$。在代数中，经常要求多项式的系数（这里是 1、3、0、0、−2 和 8）都是整数，否则任何实数都可能是方程的解。作为多项式解出现的数字称为代数数。所有的有理数都是代数数，例如$\sqrt{2}$是代数数，但 π 不是代数数（它是超越数）。代数数本身也可能具有对称性，有时会出现这样的情况，即一个数作为一个多项式的解出现时，会强制出现一个对称的同解，如 $1+\sqrt{2}$和 $1-\sqrt{2}$。任何一个将 $1+\sqrt{2}$作为根的多项式（例如 $x^2-2x-1=0$)，必然也有 $1-\sqrt{2}$ 这个根。

对于线性方程（x 的最高次幂是 1），要解开它是小事一桩。例如，$4x+3=0$ 的唯一解是 $x=-3/4$。对于一元二次方程，总是可以用一元二次公式求出解：如果 $ax^2+bx+c=0$，则：

$$x=\frac{-b\pm\sqrt{b^2-4ac}}{2a}$$

这里的正负号（±）表示我们既可以用 + 也可以用 −。两种方法会得到两个不同的 x 满足原方程的解（除非 $b^2-4ac=0$，这种情况下两个 x 的值相同）。

如果 b^2-4ac 是负数，那么 x 就是一个复数，即包括一个实数加上 i（-1 的平方根）的倍数。每个复数 $a+bi$ 都有一个对应的共轭复数 $a-bi$，如果两个复数中一个是某多项式方程的解，则另一个也是。你可能认为复数就是在尝试解开 b^2-4ac 为负数的二次方程时产生的，但事实上，在相当长的一段时间内数学家们乐于让这类方程没有解。

随着时间的推移，问题自然而然产生了：除了线性和二次方程之外，还能解开其他多项式方程吗？在文艺复兴时期，数学家们常常两人一组进行比赛。每个数学家都会给对方出题，通常双方打赌自己能赢。其中一场这样的比赛发生在 16 世纪意大利数学家尼科洛 · 塔尔塔利亚和安东尼奥 · 菲奥雷之间：尼科洛姓丰塔纳，但他的绰号是“结巴”，因为他小的时候，法国人洗劫了他的家乡布雷西亚，他的下巴和上颚被军刀割破，导致说话有障碍。当时尼科洛知道，菲奥雷已经学会了如何解三种三次方程（x 的最高次幂是 3 的多项式）中的一种，而这三种方程尼科洛都会解，因此为了有把握赢得比赛，他设置了一些自己知道答案却能难住菲奥雷的问题。后来，在 1539 年，另一位意大利数学家吉罗尔莫 · 卡尔达诺说服了尼科洛透露解三次方程的方法，但条件是必须保密。几年后，尼科洛愤怒地发现，卡尔达诺在《大术》（*Ars Magna*）一书中详细描述了三次方程的通用解法。就像著名的二次公式能解开二次方程一样，尼科洛的三次公式能够解开所有三次方程。后来，卡尔达诺发现菲奥雷的老师、另一位数学家西皮奥内·德·费罗也成功解出了三次方程。因此卡尔达诺可以声称《大术》中描述的方法来自别的数学家，而非塔尔塔利亚。

卡尔达诺意识到，在某些情况下费罗的方法需要用到一个负数的平方根。他的本能反应是宣布此类方程无解，但忽视问题并不能让问题消失。用费罗的方法解三次方程时，如 $x^3-15x-4=0$，要用到负数的平方根，然而最终却能得到实数解。在那个时代，负数本身的存在都受到质疑，对负数平方根的讨论更是天方夜谭。在《大术》中，卡尔达诺展示了处理这些奇怪的平方根的方法，但很明显，他并不认为它们是真正的数。相反，他只是把它们作为一种便利——找到正确答案途中的垫脚石。直到 1572 年数学家拉斐尔·邦贝利出版了《代数》，虚数的数学公民身份才正式被认可，并被视为有意义的实体。

早在 1540 年，在《大术》出版之前，卡尔达诺的学生洛多维科·费拉里就设法找出了四次方程（最高幂次为 x^4 的多项式方程）的解。该方程解法被收录进《大术》后鼓舞了人们去探索五次方程（最高幂次为 x^5）的解法。但人们随即发现，这是个更难啃的骨头，随着时间推移，这个问题无解的原因也日渐明朗。

1799 年，意大利数学家和哲学家圣保罗·鲁菲尼发表了一份证明，指出没有解决五次方程的通用方法。结果，他的论证虽然基本正确，却存在一个重大缺陷。幸运的是，二十五年后挪威数学家尼尔斯·亨里克·阿贝尔填补了这一空白，并提供了完整的证明，即没有通用的求根公式可以解五次方程。阿贝尔的证明涉及我们之前提到过的以他命名的一类群——阿贝尔群。虽然他的证明牢牢地关上了寻求五次方程普遍解法的机会的大门，但仍然留下了一个可能性：五次方程可以逐一解开。

在第八章我们将了解一位多彩的人物——数学天才埃瓦里斯特·伽罗瓦。不幸的是，他二十岁时因为轻率地同意参与手枪决斗而英年早逝。但在死前一晚，他也许预感到了自己的命运，拼命写下了自己最重要的数学发现。这些临终涂鸦保存在他写给朋友的信上，由此产生了伽罗瓦理论。

伽罗瓦对多项式的对称性很感兴趣。他给每个多项式指定了一个群，现在被称为伽罗瓦群。一个多项式的伽罗瓦群描述了如何重新排列多项式方程的解而不改变多项式方程。例如 $x^2-3x+2=0$ 这样的多项式有两个解，即 $x=1$ 和 $x=2$。这种情况下可能没有多的解（因为某些多项式，如 $x-1=0$，只有 $x=1$ 是解，$x=2$ 则不是），因此伽罗瓦群是个平凡群，只有一个元素。另一个二次方程 $x^2-2x-1=0$ 有两个解，$x=1+\sqrt{2}$ 和 $x=1-\sqrt{2}$。然而，在这种情况下，不同的解确实可以重新排列。这甚至可以保留多个变量的多项式，例如，如果我们设前一个解为 a，后一个解为 b，则 $a+b=2$ 在重新排列后不会改变。伽罗瓦群是 2 阶的循环群，也是 M 这种字母的对称群。

在二次方程中仅有两个伽罗瓦群，都很简单。但年轻的法国数学家意识到，更高次的多项式可以有更有趣的伽罗瓦群。在一个重要的发现中，他证明了一个特殊五次方的伽罗瓦群是十二面体的旋转对称群，而用这样一个群所描述的任何多项式都不能只用标准运算和根来求解。

伽罗瓦去世近两个世纪以来，群论取得了长足的进步。其中一项伟大成就便是有限单群分类定理。单群类似于质数，因为它除了自身和平凡群之外，没有其他正常子群。该定理指出，每个有限单群属于十八个类别之一，或者是不属于上述类别的二十六种“散在单群”中的一个。最简单的类别是质数阶循环群。这些具有模数 p 的加法群，其中 p 是质数（与有 p 个小时的时钟类似）。

另一个简单的类别是 $n \geqslant 5$ 的交错群。假设你有 n 个数字，可以每一步置换任意一对。如果置换次数不受限制，你可以得出 n 个数字的所有排列方法，这种置换构成 n 度的对称群。但如果加以限制，每次都进行偶数次的置换，则会得到交错群。例如，将（1，2，3，4，5）重新排列为（2，1，4，3，5）的置换属于 5 阶交错群，但重新排列为（1，3，2，4，5）则不是，因为使用了奇数次（在这里是一次）的置换。3 阶的交错群实际上已经被包含在分类中（它与 3 阶循环群相同），而 4 阶的交错群是一种特殊情况——并不是单群，因为它包含了二面体群 D_2 作为正规子群。除此之外的交错群属于单群。（例如，5 阶的交错群是十二面体的旋转对称群。）

剩下的十六种群比刚才提到的两个要复杂得多，它们被统称为李型单群，以挪威数学家索菲斯·李命名。在这十八个类别之外，还有二十六个群，即散在单群，它们无法归类。1861 年，数学家埃米尔·马蒂厄首次发现了其中的五个，这些群便以他命名。目前最大的散在单群是美国数学家罗伯特·格里斯在 1976 年发现的“魔群”，有超过 80.8 万万亿万亿万亿万亿个元素，格里斯设法用 196 883 × 196 883 矩阵表示。剩下十九个散在单群都与这个群相关，与“魔群”一起被称为“快乐大家族”，余下的六个群则被称为“流浪者”。

群的分类定理包含了数学家数十年的共同努力，最终产生了一个真正巨大的证明。虽然仍然有手动验证的可能，但它的证明长达五千页到一万页，大约相当于四百篇期刊文章。作为众多数学家的合作项目，没有人能理清此证明的每个步骤，所以证明的确切长度仍不得而知。

到目前为止，我们主要讨论的群——有限群——用于描述数学或物理对象的对称性，有且只有有限数量的变换可以保持对象的结构不变。但是还有很多群用于描述对象连续变换后的对称性。19 世纪末，索菲斯·李首先对此做了研究，因此这些群以他来命名。但奇怪的是，李群（Lie Group）与李类型（Lie Type）并不相同，因为李类型属于有限群！相反，李群用于描述在经过连续变化后依然保持原有形状的物体。简单的例子就是球体，不论它怎么旋转变化，都不会改变外形。

索菲斯·李的主要兴趣是解开方程。在他开始研究时，解方程是有一套技巧的。一种典型的方法是巧妙地改变变量，使得其中一个变量从方程中消失。索菲斯·李的关键洞察在于，他发现这样的解法能够实现的原因是方程具有潜在的对称性，而这种对称性他能够用一种新型的群表示。

如今，有限群和连续群理论在数学和科学中都具有非常重要的意义。它很早就被用来确定晶体可能具有的结构，并对分子振动理论产生了深远的影响。群论已经渗透到物理学家研究自然界基本粒子和力的工作中，而最简单的群之一，模 n 的乘法群，你每次在网上发送安全信息时都会用到。

晶体有许多不同的结构，它们的对称群可以帮助我们进一步了解它们是如何形成的。例如，岩盐晶体由钠离子和氯离子组成，排列在一个立方晶格中，因此具有立方体自身所有的对称性，以及一组无限的平移对称性和其他相关的对称性。有趣的是，相同物质的晶体具有某些特性，而这些特性从微观结构上看并不明显。例如，无论晶体的大小或整体形状如何，特定类型晶体的两个面之间的角度总是恒定的。岩盐晶体并不总是完美的单个立方体——它们往往看起来由许多粘在一起的重叠的立方体组成——但两个面之间的角度总是 90°。这种角度特性被称为结晶习性，而结晶习性决定了晶体微观结构的对称群。不同的晶体可能有不同的晶体习性。例如，钻石的结晶性能是面心立方晶格，这证明是效果最好的原子堆叠方法，也让钻石成为最坚硬的天然材料。

宇称对称本质上意味着物理定律不区分左和右，因此如果整个宇宙在镜子里反射，所有定律都会保持不变。最后，时间对称意味着假如我们改变时间的方向，物理定律是不变的。

物理上的守恒定律，如能量守恒和电荷守恒，都源于基本方程的对称性。过去人们认为宇宙有三种基本对称：电荷对称、宇称对称和时间对称。电荷对称，简单地说，即如果所有物质都与反物质交换，那么物理定律保持不变，反之亦然。宇称对称本质上意味着物理学规律不分左右，即使整个宇宙在镜子中反射，规律仍然不变。最后，时间对称是说，即使我们调转时间的方向，物理学规律也不会发生变化。

最后一种对称，乍一看非常违反直觉——例如，如果一个花瓶从架子上掉下来摔碎了，物理定律会允许它自发地重新组装并跳回架子上。事实上这是有可能的，尽管可能性微乎其微。它不会发生的原因在于热力学第二定律，这个定律在本质上更像是统计学而不是物理学。它与一个被称为熵的物理量有关，熵是对系统混乱程度的一种度量。熵与系统的微观状态（在保持物理性质的前提下可重新排列的方式）的数量有关。例如，一副牌处于原始顺序（每种花色从A到K排列）的熵值极低，因为要保持牌处于这种最佳顺序，系统中可以改变的东西不多。你最多可以交换花色，但不同花色的排列组合只有二十四种情形。相比之下，随机打乱的一副牌有很高的熵值，因为它可以是 52 × 51 × 50…… × 2 × 1（数值比 8 后面有 67 个 0 还要大）种排列方式间的任意一种。热力学第二定律表明，总熵总是会增加的（至少在物质和能量都不会新增或减少的孤立系统中）。理论上熵在特定情况下可能会减小，但减小的概率极低。将一副已经彻底洗过的牌重新洗牌可能会得到一副完美有序的牌，但这种可能性极低，更可能会变成万亿种无序牌中的一种。同样，一个破碎花瓶的熵比一个完好花瓶的熵大得多，因此，虽然物理定律并不禁止花瓶恢复原状并重新回到架子上，但事实上花瓶极有可能停留在无数破碎状态之中的某一种。

因此，热力学第二定律解释了时间上的不对称现象，而其他三个关键的对称性仍完好无损。在自然界的四种基本力中，有三种——万有引力、电磁力和强核力——被证明遵循所有三种基本对称（电荷、宇称和时间）。物理学家推测最后的第四种力——弱核力同样如此。但是，1956 年，美籍华裔物理学家吴健雄进行了一项实验，在极低的温度下测量钴的放射性同位素钴 60 在磁场中的衰变。当钴 60 衰变时，它会释放电子。吴健雄观察到，这些电子更有可能沿着一个特定的方向发射——与核自旋方向相反。如果宇称对称成立，那么在我们宇宙的镜面反射中，电子射出的方向应该与我们这个宇宙中相同。然而，吴健雄证明了当左右颠倒时，电子射出的方向会相反。

宇称对称的破灭震惊了物理学界。著名理论物理学家沃尔夫冈 · 泡利说：“这绝不可能！”其他物理学家也认为吴健雄一定是搞错了，赶忙重新实验，但最终都验证了她的结果。宇称对称确实被打破了。一些物理学家认为，反物质与物质的镜像是相同的（所以在吴健雄的实验中，反钴的行为会与钴的镜像完全相同），因此，电荷－宇称对称（CP 对称）可能是守恒的。然而，在 1964 年，CP 对称也被证明不存在。此后，时间对称也被打破了，而且是在基本粒子和基本力这个最基本的层面上，而不仅仅是在热力学第二定律的统计层面上。这样，宇宙中真正的对称就只剩下电荷－宇称－时间对称（CPT 对称）这一理论了。CPT 对称理论认为，如果你把电荷、宇称和时间这三者完全颠倒，宇宙的物理定律不变。这意味着，举例来说，违反 CP 对称与违反时间对称是相同的。根据我们目前的宇宙数学模型，CPT 对称确实牢不可破。在我们迄今为止设计的所有实验中都发现它是成立的。但是，究竟 CPT 对称是真正的宇宙对称性原理，还是未来我们会提出一个新的理论将它推翻，至今仍无法得知。

我们对对称性的探索已经走了很远，但还没有真正解开本章开头凯耶先生的谜题。相反，问题似乎成倍增加了。为什么电荷、宇称和时间这三种对称都分别被打破，只剩下它们的组合的对称性完好无损？为什么宇宙不是一个均匀的气体云，各个方向都保持一致？或者更确切地说，在宇宙诞生之初，为什么物质和反物质的数量不等，导致它们彼此湮灭，只留下了辐射呢？

2001年发射并工作了九年的威尔金森微波各向异性探测器（WMAP）证实了宇宙早期存在不规则现象。WMAP在宇宙微波背景中发现了微小的不对称，即宇宙大爆炸本身发出的微弱余晖，对应着一些比其他区域稍热的区域。一旦这种不对称扎根下来，它们就会不断生长，最终形成现在这个团状结构的宇宙，在这个宇宙中，星系和星系团被一些几乎没有任何物质的空间隔开。但最大的谜团仍然存在：最初的不对称是如何产生的？没有它，我们就不会在这里提出这个问题了，尽管这是一个最深奥的问题。为什么宇宙不是完全对称的？它的不对称是何时以及如何开始的？

第五章　艺术中的数学

我只对数学这门创造性艺术感兴趣。

——G. H. 哈代

艺术和音乐所具有的激情和生命力在数学中也能找到踪影。数学家和艺术家都遵循某种相同的、来源于现实世界的模式。因此毫不意外，数学中一些重要发展是在艺术家和建筑家的活动中产生的，而数学也渗透到一些伟大的视觉艺术先驱的作品中。

公元前 5 世纪的希腊雕塑家波利克尼托斯是最早将数学融入作品的艺术家之一。波利克尼托斯用青铜等材料制造英雄人物雕像，其中一些后来在古罗马时期被制作成大理石复制品保存至今。也许是受到毕达哥拉斯学派的影响，波利克尼托斯相信数学是万物的核心，是实现完美艺术必不可少的。他认为运动员或神明的雕像的各个组成部分需要保持平衡，并通过简单的数学比例建立联系。他把$\sqrt{2}$——约为 1.414——视作体系的关键。他从小指末节指骨的长度开始，将其乘以$\sqrt{2}$得到中间指骨的长度，再乘以$\sqrt{2}$得到第三节指骨的长度。然后用整个小指的长度乘以$\sqrt{2}$，得到小指根部到尺骨顶端也就是手掌的长度。他反复使用这一系数，进而得到胸腔和躯干的大小……直到得出他认为最理想的男性解剖比例的所有基本尺寸。在《法则》一书中，他记录了这套几何递进的体系。这本书也成为古希腊和古罗马时期许多雕塑家的工作指南，一直沿用到文艺复兴时期。

在平面上创作的画家们则面临如何描绘三维场景的问题。古希腊和古罗马画家们都在努力创造有纵深感的图像，并在一定程度上取得了成功。庞贝古城有座别墅的墙上有一幅湿壁画，用透视体系绘制了许多建筑，完美地表现了纵深和距离感。这幅作品在公元 79 年这座城市被火山灰吞没时被保存下来，如今陈列在纽约大都会艺术博物馆。只有仔细观察柱廊的线条和画面中的其他元素，才能发现它们向远处延伸时有些不对劲。

在大多数情况下，中世纪的艺术家甚至没有尝试去描绘物体精确的三维视图，部分原因归咎于捕捉三维视图的古老知识已经失传了，另一部分则是因为教会——当时大多数作品的委托人和监督者——对描绘事物真实的模样并无兴趣。例如，中世纪艺术家常常把某个人或物体画得很大，是因为它们在主题或精神上很重要，而不是因为在画面中的相对位置。

15世纪文艺复兴之初的欧洲，透视法的严谨形式有了数学上的突破。再之前一百多年，佛罗伦萨画家兼建筑师乔托·迪·邦多纳就做了一些尝试来研究如何用代数方法来表示画面中远处线条之间的位置。但是真正为现在我们所知的射影几何学这一课题奠基的，是他的佛罗伦萨同胞设计师、建筑师菲利波·布鲁内莱斯基。

布鲁内莱斯基是个实干家，曾受过金匠训练，有人认为他是第一位现代结构工程师。他最大的成就是为佛罗伦萨宏伟的大教堂建造了一个内径约150英尺的新穹顶。大教堂的主教们希望穹顶用砖石砌成，重达数万吨却能自我支撑，而不使用飞扶壁和尖拱，后者在当时是支撑如此巨大建筑的已知的唯一方法。此外，它还必须落在180英尺高、平面呈八角形的墙体上。布鲁内莱斯基在设计竞赛中获胜，设计出了满足这些苛刻要求的方案。随后他开始制定新的方法来保证建筑以及工地的安全，包括在午餐时为工人提供掺了水的葡萄酒，确保他们工作时保持清醒；设置安全防护网接住摔下去的人；用报时钟提醒工人换班。为了将建筑材料高高举起，布鲁内莱斯基发明了世界上第一个倒挡装置，只需轻按开关就能使一头牛将重物吊起或放下。

1434年，当传奇的穹顶接近完工时，布鲁内莱斯基公开举行了一场艺术展览，展示了他的另一项创新。此前他用一面镜子反射另一座12世纪八角大教堂的洗礼堂，然后对着镜子上的

佛罗伦萨大教堂

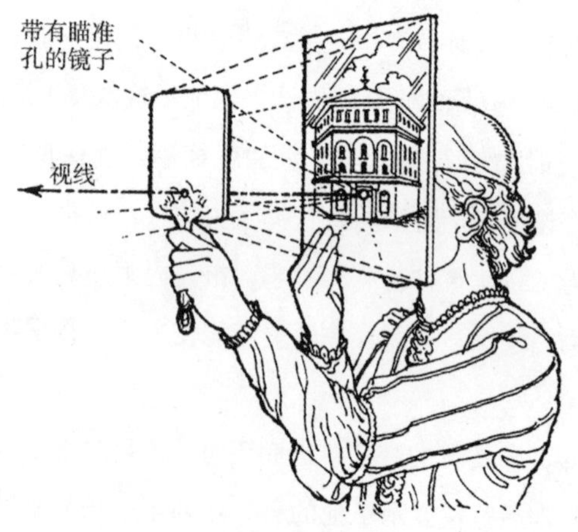

洗礼堂透视图

映照画出了一个精确的复制品。为了证明他捕捉到的是一幅真正的教堂的2D模型，他在画的背面钻了一个小孔，邀请参观者窥视真正的洗礼堂，不过要用第二块镜子对画中绘制的场景进行反射。通过不断移动第二面、朝后的镜子调整方向，可以看到实际的洗礼堂和绘画中的图像是相同的，且都与周围的环境连成一体。

以这种方式捕捉到真实透视图的重要性在于，布鲁内莱斯基能用当下的眼光仔细观察分析，并且拆分它的数学结构，这也许是人类历史上的第一次。当他望着洗礼堂和邻近建筑的线条时，他注意到一些不寻常的地方——首先，存在一个中心消失点，它位于视平线上观察者视线的正对面。其次，视平线不仅穿过这个点，还穿过那些斜消失点——这些线决定了洗礼堂本身的角度。

文艺复兴时期的其他艺术家开始将布鲁内莱斯基揭示的透视法融入自己的作品中。数学家应用这些知识，结合自己的见解开创了射影几何学的基础。其中最早的一位是法国数学家、工程师和建筑师吉拉德·笛沙格，他在1536年发表了一种绘制物体透视图形的几何方法。他的思想对当时一些艺术家产生了巨大的影响，包括画家劳伦特·德拉·海尔和雕刻师亚伯拉罕·博塞，但他的成果随后被人遗忘，直到19世纪初才被人们记起。

在布鲁内莱斯基发现如何将三维物体沿着视线投影到垂直平面上的三个世纪后，法国数学家让－维克多·彭赛列将射影几何真正地应用到了新的水平。他在俄国为拿破仑军队服役时被俘，被迫在冰天雪地的平原上行军五个月，最终被关进伏尔加河下游的萨拉托夫监狱。在1813年3月至1814年6月监禁期间，他写下了自己的一些发现，后来在1822年作为《论图形的射影性质》一书出版。实际上，他概括了布鲁内莱斯基的发现，然后将结论应用在倾斜和旋转的平面上。20世纪初，荷兰数学家兼哲学家鲁伊兹·布劳威尔进一步将彭赛列的发现拓展到橡胶那种可以拉伸或扭曲成任何形状的表面上。最终，射影几何的故事回到了它的原点——艺术。1997年，美国雕刻家和户外艺术家吉姆·桑伯恩在爱尔兰克莱尔郡海岸的基尔基镇把一组同心圆的图案投射到岩层上，从而在现实中印证了布劳威尔的原理。

五百多年来，这一领域的发展在数学家和艺术家之间来回穿梭，甚至物理学家也参与进来。英国物理学家保罗·狄拉克在从事理论物理之前获得数学学位，他说射影几何是他最喜欢的数学主题，也是他洞察物理的源泉。尽管他从未言明，但有证据表明射影几何在著名的量子力学方程的发展过程中发挥了作用。狄拉克方程揭示了电子这样的粒子在接近光速运动时的行为，也预测了反物质的存在。

一些著名的艺术家不遗余力地把数学思想注入他们的作品中。德国画家兼版画家阿尔布雷希特·丢勒是最早一批艺术家之一，他也是一位应用型数学家。他最伟大、最具影响力的作品之一是绘制于1514年的精美铜版画——《忧郁I》。画中他描绘

丢勒《忧郁 I》

了一位长着翅膀的人物，代表中世纪哲学的四种“气质”之一。每种气质都与四种“体液”中的一种相对应。“忧郁”与黑胆汁、农神以及创造天才和精神错乱的倾向有关。在丢勒的画中，忧郁者膝盖上放着一本书，右手拿圆规。她周围摆放着各种数学物体，包括一个球体、一个不寻常的多面体和一个4×4的幻方(从1到16排列，每个数字只出现一次，每一行、列和主对角线上的数字之和都是相同的，在此为34)。幻方中隐晦表达的是《忧郁 I》创作的年份（最下面一行的数字15和14）以及丢勒当时的年龄和姓名的首字母。关于幻方的知识可以追溯到两千多年前的中国，但丢勒第一个将幻方引入公众视线，并在西方引发对幻方进行正式的数学研究。著作等身的瑞士数学家和物理学家莱昂哈德·欧拉写了《论幻方》一文（1776），定义了后来的“欧拉幻方”，反过来又被应用于组合数学（研究排列与组合的数学分支），以及用跳频方式进行高效无线电通信。

丢勒着迷的另一个东西是多面体。《忧郁 I》中出现的多面体直到今天仍引发很多猜测和争议。它是一个八面实体，技术上可以理解为一个截断的三方偏方面体。它可以通过以一个角为底平衡放置一个立方体，使顶角和底角的连线垂直于地面，然后水平切割这两个角来完成。令人费解的是，丢勒为什么选择描绘这个相当费解的特殊形状。这是方解石等某些晶体所采用的表现形式，但丢勒应该并不知晓这一点，因为对晶体的数学研究大概要到下一个世纪才开始。从艺术家的笔记本中的草图可以看出其他几种可能性，其中一幅描绘的形状是《忧郁》，它被整体拉伸至可以放进一个球体，这是五种著名的柏拉图实体共有的特性。另一处显示，丢勒给出了一个经典问题的近似解，如何只用圆规和直尺（没有刻度的尺子）使立方体的体积翻倍。我们现在已经知道，这所谓的得修斯岛问题[①]不能完全解决，但丢勒在几何学著作《用圆规和直尺测量的方法》中详细描述了一个出色的近似解。该书出版于1525年，也就是他去世的前几年。

丢勒在书中还介绍了一种新的几何教学方法——将多边形（平面、直边图形）折叠成三维的多面体。现在世界各地的小学

① 即倍立方问题。

生都熟悉这一理念，即如何将多边形（称为网状多边形）的某些边粘在一起制作多面体，如立方体和金字塔。在考试中也常出现一个问题：哪种网状多边形可以折叠成某种特定的多面体。

一种多面体可以由不同的网状多边形折叠而成，取决于边的连接或分离的不同方式。同样，一个给定的网状多边形可能被折叠成多个不同的凸多面体，这取决于哪些边固定在一起，以及折叠的角度。如果连接多面体表面任意两点的线段完全位于多面体的内部或表面，则这个多面体是凸多面体。1975 年，英国数学家杰弗里 · 谢泼德提出了一个多面体的问题，至今仍没有答案。这个尚无定论的问题有时被称为“丢勒猜想”，与丢勒在这方面的开创性工作有关——每个凸多面体是否至少具有一种网状多边形能折叠而成。我们知道，所有凸多面体的面都可以拆分为多个子集，每个子集中的面有一个网状多边形。但是谢泼德提出的一般性问题仍未解决。

艺术诠释数学与数学激发艺术的传统在近代尤为活跃。在 20 世纪，荷兰画家毛里茨 · 埃舍尔和西班牙画家萨尔瓦多 · 达利或许是将数学和科学概念作为其作品核心特征的最著名的艺术家。他们在创作绘画、蚀刻版画和油画的过程中，都与杰出的数学家和科学家密切合作，帮助人们以全新的方式来理解那些在最初的学术形式下难以捉摸的思想。

埃舍尔自称没有数学天赋，但他最终与许多数学和科学领域的领军人物密切合作，包括匈牙利数学家乔治 · 博尧，英国数学家、物理学家罗杰·彭罗斯，加拿大几何学家哈罗德·考克斯特和德国晶体学家弗里德里希·哈格等。埃舍尔从小体弱多病，在学校里学习很吃力，但从二十多岁开始，他在意大利和西班牙旅行中，尤其是从格拉纳达的阿尔罕布拉宫这座摩尔式宫殿和要塞的精美装饰设计中获得艺术灵感。阿尔罕布拉宫复杂多变的贴砖激起了埃舍尔对密铺的兴趣（第七章有详细描述），密铺在他的一些最著名的作品中也有所体现。

埃舍尔对数学的专注以及对专业知识娴熟易懂的描绘被艺术界许多人批评为过于理智，但他同时吸引了大批追随者，一直延续至今。他的作品成为无数海报、书籍和唱片封面的点缀，包括侯世达最畅销的《哥德尔、埃舍尔、巴赫》和 Mott the Hoople 乐队 1969 年发行的同名专辑。除了动物和其他图案的密铺布局，他还探索了递归、多维，以及最著名的不可能构造：这些图片在局部看似符合常理，但整体来看让人困惑。他的作品《相对性》（1953）描绘了一栋建筑，其中似乎有三个方向的重力，产生了一系列令人困惑的、不一致的视点和不可能连接的楼梯。这幅画 1954 年同埃舍尔的其他作品在阿姆斯特丹的一家博物馆展出，恰逢这里举行的国际数学家大会，《相对性》吸引了数学家、物理学家罗杰·彭罗斯和几何学家哈罗德·考克斯特的注意。

受埃舍尔版画的启发，彭罗斯和父亲莱昂内尔——一位精神病学家、遗传学家和数学家——开始探索不可能物体，即可以在二维空间中画出但无法在三维空间中实现的形状。阿姆斯特丹大会结束几年后，彭罗斯给埃舍尔寄去他绘制的彭罗斯三角草图，这最早是由瑞典艺术家奥斯卡·雷乌特斯瓦德于 1934 年绘制的图形，同时附上父亲莱昂内尔画的《无尽的楼梯》。这幅画后来反过来启发埃舍尔创作了《上升与下降》（1960）和《瀑布》（1961），两者都描绘了一件事物，分别是僧侣与水的形象，不断攀爬（或下降），但最终回到了原点。

从博物馆的展览中，考克斯特觉察到埃舍尔对复杂密铺绘画的兴趣和天赋，他给埃舍尔寄去自己在阿姆斯特丹会议上发表的一篇论文复印件，其中包括他自己绘制的一张密铺双曲面的几何图形。双曲面是开放的，一直延伸到无穷远，就像大家熟悉的欧几里得平面一样，但它的不同之处在于，上面的平行线可以在一个方向相遇或相交，在另一个方向发散。如果将双曲面用圆盘表示，那么在上面绘制的形状（如三角形）会越来越扭曲，当图形靠近圆盘边缘会挤在一起。当埃舍尔看到考克斯特绘制的这种圆盘（被称为庞加莱圆盘）时，他立刻意识到这是一种在有限的二维平面上表示无限的方法。在与考克斯特进一步讨论下，他开始用更复杂的形状来制作双曲面瓷砖。最后产生的作品是《圆形极限 I-IV》（1958—1960），这是四幅木刻版画组成的系列作品，其中《圆形极限 IV：天堂与地狱》达到顶点，白色天使和黑色魔鬼图像的一组密铺被绘在庞加莱圆盘上。

与埃舍尔同时代的萨尔瓦多·达利也与数学家和科学家密切合作。1955 年，年轻的托马斯·班科夫在大都会艺术博物馆看到达利的作品《受难》，一幅描绘耶稣被钉在立方体的多面体组合上（相当于立方体的四维形式）的画作，激发了他对更高维度的兴趣。二十年后，罗德岛州普罗维登的布朗大学的数学教授班科夫受达利邀请，去纽约与他见面。班科夫的一位同事打趣道："这要么是一场骗局，要么就是一场诉讼。"事实上，达利正在着手创作一系列立体绘画，希望在视觉技巧方面得到帮助。这是两人长达十年合作的开始。

20 世纪 50 年代，达利的兴趣焦点从心理学转向科学和数学。关于这一转变，他写道：

> 在超现实主义时期，我想创造出有关内心世界和灵性世界的图解，继承我父亲弗洛伊德的思想……如今，外部世界和物理世界的发展已经超越了心理学的世界。现在，我的父亲是海森堡博士。

达利的范式转变在画作《记忆的永恒》（1931）和《记忆永恒的解体》（1954）的对比中得到了清晰的体现。《记忆的永恒》是他广为人知的作品之一，柔软的怀表像布一样覆盖在各种物体上，暗示在梦境和其他意识改变的状态中体验到时间和空间的流动性。与此相反，《记忆永恒的解体》则以现代物理学家的视角，将物质和能量分解成离散的量子，将旧的场景块状化和碎片化。

《最后的晚餐圣礼》（1955）是二战后达利沉迷于科学、宗教和几何学时期最受欢迎的画作之一，融入了著名的——也可以说声名狼藉的——黄金分割。对艺术家、科学家、心理学家、命理学家，甚至某些情况下对数学家本人来说，数学上没有哪个量比黄金分割更有诱惑力，却又被如此曲解——黄金分割既充满魅力又重要，但也是许多虚假说法的来源。

两个量，a 大 b 小，如果它们的比值 a/b 等于它们的和与 a 的比值（$a+b$）/a，就称为黄金分割。黄金分割（*phi*，用希腊字母 φ 表示）的值等于（$1+\sqrt{5}$）/2 或 1.6180339887…，和圆周率 π 一样，它也是无理数，换句话说，它不能写成一个整数除以另一个整数的形式，所以它的小数展开是无限的，没有循环规律。但与圆周率不同，它可以写成具有整数系数（例如 $5x^2$ 中的 5）的代数方程的解，这意味着它不是超越数。

如果一个矩形的边是按黄金分割比例画的，那毫不奇怪，它就会被称为“黄金矩形”。达利的画作《圣礼》就选择这种形状，画布的尺寸为 166.7 厘米 ×267 厘米。在画作中，他还将桌子的顶部设在整个画面高度的黄金分割比例处，将耶稣左右两个门徒设在画作宽度的黄金分割比例处。场景设置在一个巨大的十二面体内，这是由五边形窗户组成的具有十二个面的形状，窗户外可以看到达利家乡加泰罗尼亚的景色。正十二面体每个五角面的中心是三个具有（$\varphi+1$）：1 和 φ：1 的比例的黄金矩形的交点，这一比例同样精确地反映在正十二面体中。

达利在描绘这幅圣经故事时使用黄金分割比例 φ 可能是借

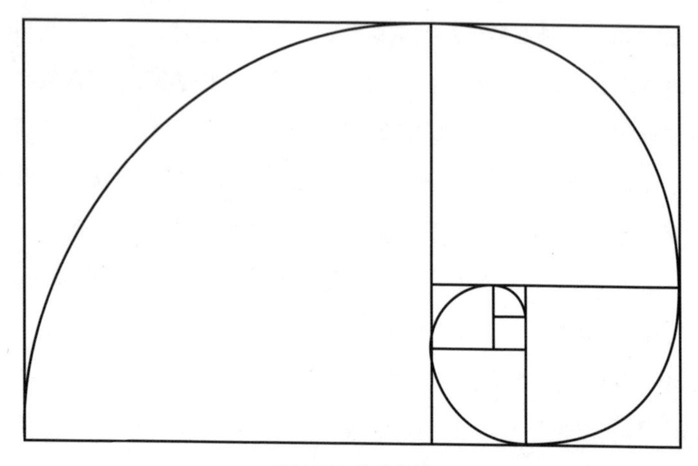

斐波那契黄金螺旋

鉴了列奥纳多·达·芬奇。《最后的晚餐》中房间、桌子等元素的某些尺寸似乎都符合黄金比例，有些是否只是巧合还很难说。还有人指出，达·芬奇最著名的作品《蒙娜丽莎》的脸部周围可以画出一个黄金矩形。同样，我们不知道这是不是有意为之，而且，无论如何也很难精准地确定这个矩形的框应该画在哪里。但毋庸置疑的是，达·芬奇是数学家和方济各会修士卢卡·帕乔利的挚友。帕乔利在1509年出版了三卷本的黄金比例专著《神圣比例》，达·芬奇为其绘制了插图。"神圣比例"这个名字被文艺复兴时期许多思想家用来指代 φ，反映了人们对这个数字神秘的崇敬。

φ 在数学上的确是一个了不起的数字，它与圆周率 π 一样，出现在各种意想不到的地方，例如与数学家莱奥纳尔多·斐波那契在 1200 年左右首次描述的斐波那契数列密切相关。该序列从 0 和 1 开始，然后简单地将前两个成员相加：0、1、1、2、3、5、8、13，以此类推。斐波那契数列中两个连续数字之间的比值越大，就越接近 φ 值：3/2=1.5，13/8=1.625，233/144=1.618，以此类推。在相邻的斐波那契矩形内绘制曲线，会产生一种在自然界常见的螺旋图案——贝壳和波浪的形状，以及向日葵种子或玫瑰花瓣的排列。黄金分割和斐波那契数列之间的紧密联系确保了自然界和“黄金螺旋”之间存在亲密的内在联系，正如我们所见，“黄金螺旋”是由相邻的黄金矩形产生的，斐波那契矩形是一种相似物。

鉴于 φ 在数学中无处不在，而且常常出现在自然界一些意想不到的地方，文艺复兴时期的思想家赋予它“神圣”的地位也就不足为奇了。在 14 世纪到 17 世纪之间，学者们一直努力将他们对于包括地球及之外事物快速扩展的宇宙观念，统一到一个允许超自然力量存在的哲学体系中。在这一努力中位居核心的一位科学家是德国天文学家、数学家约翰内斯·开普勒，他痴迷于“宇宙被严格按照某种和谐、平衡和数学对称规则组织起来”这一观点。在《世界的和谐》一书中，他描述了引导星体运行和空间分布的永恒几何形式，以及天体在轨道上旋转时发出的音乐声响。在《论六角雪花》一文中，他论述了黄金分割以及正多边形和花瓣具有的斐波那契数列。“几何学有两大瑰宝”，他写道，“一个是毕达哥拉斯定理，另一个是将线段分割为极值与中间数的比例。第一种可以比作‘黄金般的度量’，第二种可以被命名为‘珍贵的宝石’。”

黄金分割可能已经习惯于融入一些最奇妙、最令人惊讶的数学领域，但关于它的一些说法其实被夸大了，甚至是完全错误的。数字命理学家和伪历史学家喜欢在根本不可能的地方寻找关系。例如，“金字塔学家”让我们相信吉萨大金字塔的底高之比为 φ，但其实是 1.572。同样，古典时期另一座伟大建筑雅典帕特农神庙的形状也不存在黄金分割。

近年来，一些研究人员声称已发现科学证据，证明黄金分割对人类的心灵和感官具有独特的美学吸引力。19 世纪 60 年代，德国物理学家和心理学家古斯塔夫 · 费希纳以一系列关于不同矩形长宽比的实验开启了这一风气。实验邀请受试者挑选出他们认为最有吸引力的形状。他发现，在所有的选择中，四分之三的人选择了三个长宽比分别为 1.50、1.62 和 1.75 的矩形，而最受欢迎的是黄金比例在 1.62 的矩形。接下来，他又测量了数千种矩形物体的比例，包括窗框、博物馆的相框和图书馆里的书籍。他在《美学导论》一书中声称，这些物体的平均比例非常接近黄金比例。

然而，费希纳的发现一直存在争议。加拿大心理学家迈克尔·戈德凯维茨指出费希纳的结论存在缺陷，因为受试者偏好的矩形可能跟所有备选项的摆放位置有关。英国心理学家克里斯 · 麦克马纳斯也表达了类似的怀疑，他说：“黄金分割本身与 1.5、1.6 或 1.75

等近似比例是否真的有重要区别，这一点尚不清楚。”

有些人认为，如果人脸的某些比例符合黄金比例，就会被认为更有魅力。这种观点再次让这一问题浮出水面。伦敦大学学院医院的牙齿矫正医生马克·洛韦在1994年发表的研究结果表明，人们之所以认为时装模特的脸漂亮，是因为她们有展现美的倾向。但这一点也存在争议。在同一家医院颌面科的一项研究中，阿尔弗雷德·林尼和同事用激光对顶级模特的脸部进行了精确测量。他们发现，这些模特的面部特征和其他人一样千变万化。

就本质而言，艺术和建筑具有强烈的主观因素。它们冒险进入了纯数学未触及的高深领域，给人类的感官和情感带来了吸引力。尽管这可能会损失一些精确度或注入一些与数学无关的特征，但提供了一种方式，不需要付出巨大的智力努力或数年的学习，就可以欣赏数学之美。澳大利亚数学家亨利·塞格曼曾制作3D打印模型来帮助学生们更好地理解数学公式，他这样说：

> 数学语言往往不如艺术语言那么通俗易懂，但我可以尝试将数学语言翻译成艺术语言，通过一幅画或者一个雕塑来展现数学的思想。

如今，借助数字革命的工具，有创造力的人可以把只有少数专家才能真正掌握的高等数学概念变得栩栩如生。前文提到的美国雕塑家吉姆·桑伯恩擅长“使无形变为有形”，作品涉及磁学、核反应和密码学等主题。他的雕塑《克里普托斯》坐落在弗吉尼亚州兰利的中央情报局总部大楼外，包含由两千个字母组成的四条编码信息，其中一条至今仍未被破译。他的作品《海岸线》安装在马里兰州银泉市的国家海洋和大气管理局大楼内，包括一个涡轮和气动鼓风机，能在小范围实时再现美国国家海洋和大气管理局在大西洋沿岸伍兹霍尔监测站附近的波浪情况。

分形——在各个尺寸上都显示出结构和复杂性的图形——可以产生各种华丽迷人的图案，是艺术家的一个梦想。由激光物理学家转行过来的英国艺术家的汤姆·贝达德创造了有分形图案点缀的法贝热彩蛋的 3D 数字渲染图。他是众多利用计算机强大功能来揭示数学公式中隐藏美感的创意人士之一。对大多数人来说，如果不这样做，这些公式只是一系列无意义的符号和运算的组合。贝达德说：“公式可以将空间有效地折叠、缩放、旋转或翻转。”但若缺乏艺术表现，这些“技术体操表演”的壮观场面将无人欣赏。

从某种意义上说，艺术和数学代表了人们的两极体验——艺术是主观的、激情的、感性的，数学则是纯粹的、逻辑的和理性的。而两者的连接点不是别的，正是我们自己——一个对无限可能的世界充满好奇的观察者。

第六章　超越想象力的数

虚数之中潜藏着宗教般的神圣——因为它正是处在“存在”和“不存在”之间的模糊空间的事物。

——戈特弗里德·莱布尼茨

在巴西亚马孙河流域的深处，住着一个由几百人组成的皮拉罕部落，其成员不会数 2 以上的数。他们的单词“1”也可以表示“少量”，而“2”兼有“不多”的意思。其他词都表示“很多”。他们也不会说“更多”、“几个”或“全部”。对我们来说，这似乎很奇怪。毕竟，刚满两岁的学步儿童都能数到 3，一年后能数到 5，这是很正常的。不过皮拉罕人并不笨。他们以狩猎和采集为生，不需要数数，所以也不需要练习数数。他们担心自己缺乏算术知识，与其他部落贸易时容易被骗，于是美国语言学家丹尼尔·埃弗雷特试图教皮拉罕人一些基本的计算能力。然而，经过八个月的努力，没有一个人学会数到 10，甚至是 1+1。他们的文化和以往的经验都让他们完全没有准备好掌握哪怕最基本的数字。

我们从小就习惯了数字，以至于忘了它们并不容易理解。它们不像日常生活中父母指给孩子的东西、动物和人，贴上“花”、“狗”或“眼睛”的标签，它们是抽象的。就像皮拉罕的例子显示的那样，数字是很难理解的，除非像我们大多数人这样从小就接触到。即使如此，有些数字还是比其他数字更容易理解。例如，一个三岁的孩子在鼓励下也许能数到 10 或更多，但可能不会真正理解这些比 3 大的数字的意义。然后加法出现了，接下来是分数和分数计算，最后我们接触到神秘的负数。这类数字并非不证自明。而有些数字我们日常生活中根本没有使用过，在学校也没有学过，更不用说所谓的虚数及虚数之外的数，如超现实数和超限数这些奇奇怪怪的东西。然而在数学中，这些数字宇宙中的居民全都是“真实”和有效的，尽管大多数人可能很难理解，与我们也没什么关系，就像亚马孙河流域的狩猎采集者对 3、4、5 这些数字一样。

早在上学的时候，我们就开始接触数轴的概念，即从 0 开始沿着一个方向延伸，数值越来越大。然后，负数也出现了，于是我们知道数轴还可以向另一个方向延伸，想延伸多远就多远。整数、正整数、负整数和零很快成为我们熟悉和适应的概念。这些概念对我们来说怎么可能不清楚呢？然而，在人类历史的

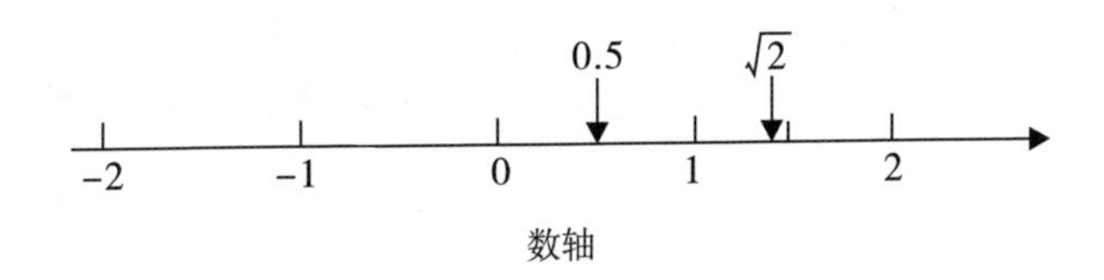

数轴

大部分时间里，数轴似乎就是完全陌生的。

我们不知道数字是什么时候开始被使用的。有些动物，包括鸟类和啮齿类动物，一眼就能看出一堆东西比另一堆大。能做到这一点明显有生存优势，但这和计数不一样。要计数，动物必须在某种程度上认识到，集合中的每个对象都对应一个数字，集合中物体序列中最后一个对象对应的数字代表了总数。研究表明，不仅许多灵长类动物天生有这种能力，而且狗也有。动物行为研究人员罗伯特·杨和丽贝卡·韦斯特在 2002 年用十一只杂种小狗和一些狗粮做了一项实验。每只狗面前的碗里都放上一些食物，然后升起一块屏风挡住狗的视线。然后，狗狗观察一些食物被拿走或添加，然后再把屏风放下。如果研究人员偷偷拿走或添加的食物比之前的多，狗狗就会盯着碗看更久，它显然意识到食物的总数是不对的。

在苏美尔和美索不达米亚的其他地区，随着第一批文明的兴起，出现了数字——数量符号——和简单算术的规则。但有充分的证据表明，早些时候人们以记数棒的形式来记录事物的数量（尽管具体是什么事物还不清楚）。在斯威士兰和南非边界接壤的莱邦博山脉的洞穴中发现的莱邦博骨头是一根狒狒小腿骨，距今至少有 43 000 年的历史，上面有 29 个缺口。一种理论认为，这是用来记录月相的，这样一来，非洲妇女可能是第一批数学家，因为月经周期与农历相关。然而，也有人对此提出异议，指出这块骨头已经断了，最初可能不止 29 处痕迹。也有人认为这些标记纯粹是装饰性的。另一种骨制工具伊尚戈骨上的标记更复杂，它于 1960 年在乌干达和刚果边境的塞姆利基河附近被发现，能追溯到两万年前或更早。对伊尚戈符号的准确解释再次引起了争论，但有些图案暗示了一种复杂得惊人的数学知识，可能文明时代之前就存在了。另一根狒狒小腿骨有一系列凹痕，沿着整个骨头排成三行。每两行的标记数量之和都为 60，第一行与基于 10 的计数方法一致，因为切口被分组为 20+1、20−1、10+1 和 10−1，而第二行包含 10 到 20 之间的质数。第三行似乎展示了一种乘以 2 的方法，这种方法很晚才被埃及人采用。目前我们还不能确定这些是否只是巧合，不过，此前一年发现的第二块骨头上也有凹痕图案，展示了人们对数字和数基的理解。

我们可以肯定的是，在公元前几千年，人们开始在中东的城镇和城市定居时，就产生了对数字的需求，并开始发展表示数字和进行加减法等基本运算的方法。这种需求源于贸易和保证交易过程的准确性。例如，如果我同意给你 10 只羊作为交易的一部分，你要清楚，我没有用 9 只羊欺骗你！可靠的计数方法至关重要，因为我们大多数人都不能一眼就看出来 9 只羊和 10 只羊的区别，通过认识和运用自然数 1、2、3、4……才有可能。然而，在这个阶段，没有人想过在这些数字之间是什么数，比它们小的又是什么数。

在贸易和商业出现之前，自然数并不是必需品。如果我是一个牧羊人，有 10 只或 20 只羊，我不需要知道确切的数字：有大概的印象就够了。只是随着交易重要性的提升，自然数才成为我们生活中不可缺少的一部分。起初，它们以一种被称为“印玺”的密封黏土标记的形式出现，但后来发展成一种类似于记分符号的数字记录系统。在这个阶段，人们还没有理解数字可以与被计算的物体分开，所以一开始，比如数字 10 并没有被当作实体来对待，它和 10 只羊、10 头牛或 10 个面包是一样的。“自然数是独立于它们所描述的事物的集合而存在的”这一概念是过了一段时间才形成的。但是，当它一旦形成，就对数学和我们的思维方式产生了巨大的影响。

最终，随着城邦的形成，不再需要每个人为了谋生而整天忙着做杂活，出现了哲学家和一些单纯思考世界和传授思想的人。在希腊，毕达哥拉斯及其追随者在公元前 6 世纪声名鹊起，宣扬自然数是宇宙核心这种信念，亦即一切本质上都源于这些永恒、完美、抽象的创造物，它们隐藏在我们所看到的现实事物背后。毕达哥拉斯学派相信，每个整数都代表了不同的东西，自然数之间的关系产生了其他一切。另一位著名的希腊人欧几里得在巨著《几何原本》中讲述他在几何学方面做的大量工作，还提出了许多关于自然数的定理，其中最著名的是他证明质数的数量是无限的。不过，直到 7 世纪，我们才突破今天每个孩子学习的数字范围。

印度数学家婆罗摩笈多是我们所知道的第一个探索自然数以外的数的人——他同时用两种不同的方法做到了这一点。他不仅描述了处理零的算术规则，还描述了处理负数的算术规则。在他之前，人们可能对如何处理零和负数有一些探索，但他是第一个对此进行明确记录的人。将零添加到自然数就形成了整数体系，并且其重要性远远超出零作为一个数值的意义（正如我们在第二章看到的）；而添加负数是一个更大的扩展，因为它意味着数字系统现在没有起点：数轴在两个方向无穷延伸。

如果让商人、农民或其他使用数学来做简单计算的人自行其是，他们可能永远也不会想到零或负数的概念。比如，谁听说过负六匹马？负数的东西在日常生活中不存在。而且，你把零加上或减去也不会改变什么，为什么要把零作为一个数字呢？只有哲学家和数学理论家这些思考抽象的人才会提出这些奇怪的可能性，从而拓宽了我们的数学视野。不过，婆罗摩笈多确实指出，负数有一个非常实际的用途：表示债务的一种方式。如果你欠某人三头牛但还没有还上，那么你实际上就有负三头牛！

今天，负数看起来似乎并不奇怪，因为我们从小就被教给了负数的知识，大脑可以毫不费力地适应。此外，我们也习惯了温度计在天气很冷时的读数“零下”。但即使到了文艺复兴时期，负数在数学界仍有巨大的争议。当问题的解决方案是一个负数时，它通常被描述为“虚构的”。数轴上在 0 左边的那些数字很久之后才获得了人们的尊重。

至少早在毕达哥拉斯时期，数学家们更能接受另一种扩展了自然数的数字。当然，毕达哥拉斯学派更喜欢自然数。在他们看来，没什么能比 1、2、3、4……完美，也没什么比得上它们支撑整个宇宙的重要性。但他们允许有理数存在——一个整数除以另一个整数的结果。毕达哥拉斯把有理数看作两个自然数之间的关系而不是数字本身，但不妨碍他在数学中使用它们。他和追随者相信所有的数字都可以用分数来表示。但他们错了——也许是大错特错。

关于毕达哥拉斯有许多略显古怪的故事，大多数无疑是杜撰的。这个故事可能就是其中之一：传说他有个学生惊人地发现了$\sqrt{2}$——一个短边都是 1 的直角三角形的斜边长度——根本不能用整数比表示。因为这种不可告人的罪过，希帕索斯要么被伟大的毕达哥拉斯本人，要么被他的一个或多个狂热追随者淹死了——如果传闻属实的话。

然而，无理数（不能用分数表示的数）存在的事实并非无理取闹就可以否认的。随着时间的推移，它们渐渐和有理数一起组成完整的数轴——有理数和无理数一起被称为“实数”。数学家们开始接受实数，并了解它是什么。但很长一段时间里，他们无法给实数下一个正式的定义。自然数很容易定义和生成——可以用 1 以及不断加 1 得到的后继数运算来表示所有自然数。整数是在自然数[①]定义的基础上简单扩展，只需包含 0 和自然数的负数。有理数也很容易产生，因为它们来自两个整数的除法（前提是分母不是零）。但是怎样才能使用有理数作为跳板得到实数的定义呢？直到 19 世纪，德国数学家理查德·戴德金才最终解决了这个问题。

戴德金使用现在所称的戴德金分割来定义实数。戴德金分割简单地把有理数集分成两个集合，第一个集合中每个数都比第二个集合中的数小。例如，一个戴德金分割可能是将有理数分为以下集合：第一个集合中的有理数 x 是负数或满足 $x^2 < 2$ 的条件；第二个集合，满足 x 是正数并且 $x^2 > 2$。例如 1、1.4、1.41、1.414 和 1.4142 都是第一集合的成员，2、1.5、1.42、1.415 和 1.4143 都是第二集合的成员。这个戴德金分割只用有理数集便定义了实数$\sqrt{2}$是一个无理数（限制任何负数都属于第一个集合是为了防止平方大于2的负数，例如 -2 出现在第二个集合中）。戴德金分割是基于这样一种思想，即用小数（或任何类似的符号）以一种可以形式化的方式越来越接近实数——它可以用来从两组有理数中生成任何无理数。

① 目前一般理解的自然数包括 0。

因此我们有了实数轴，并且知道如果我们愿意的话，可以正式定义实数轴上的任何数。“实数”一词表明，就重要的数字而言，故事到此结束了。科幻作家可能会对那些不真实的数字感兴趣，那些充斥在不同奇妙宇宙以不同逻辑规律支配的数字，但数学中肯定没有“不真实数字”的位置。问题是，历史上为不同类型所起的名字完全具有误导性。非有理数的实数被称为“无理数”。在《牛津英语词典》里，“无理的”第一个定义就是“不合逻辑或不合理的”，只有再往下翻才能看到它在数学中的特殊含义：“(指数字、数量或表达式）不能用两个整数的比来表示。”至于“实数”里的“实”,《牛津英语词典》的主要解释是“真实存在的事物或实际发生的；不是想象或假设的”。

当然，称职的数学家不会对一个“想象或假设的”数字感兴趣。直到18世纪，许多数学家都是这样的态度。任何认为可能存在不在“实数”数轴上的数字的说法都会被视为巫术。但棘手的是如何处理$\sqrt{-2}$这样的数字。当时，希帕索斯的传闻和他的英年早逝足以表明$\sqrt{2}$引起的争议……但是-2的平方根又是什么怪物？实数的世界中肯定没有这种东西。数学家们唯一的选择就是要么忽略它，谴责它是“虚构的”（就像对待负数一样）并希望它消失，要么拥抱它，欢迎它进入数学的世界。

意大利数学家拉斐尔·邦贝利第一个考虑到允许对负实数取平方根的数字存在，并制定了处理这些新奇事物的规则。在1572年出版的《代数学》一书中，邦贝利首次明确提出用负数进行算术运算（如“负数乘以正数等于负数”）的合理方法。更重要的是，通过“在 $(a/x)^3>(b/x)^2$[①] 的情况下，$x^3=ax+b$ 等式的解是什么”这一问题，他开启了最终被称为“复数”的研究。在这种情况下，解开方程的唯一方法是允许存在这样一个数——它等于实数与负实数的平方根之和。

一个多世纪以来，数学家对于“负实数的平方根”这个概念没有什么兴趣。邦贝利很聪明，没有给这个数字起特别的名字，使它们遭到更多嘲笑。但是没过多久，“虚数”这个名字成了揶揄之词，试图诋毁整个想法都是“虚构的”。但非常不幸，这个名字一直沿用至今。因此，即使今天这个开明的时代，我们还是把 $\sqrt{-1}$ 称为单位虚数。任何 i 的实数倍数，比如 $5i$、πi 或者 $i\sqrt{2}$（等于 $\sqrt{-2}$）都被称为虚数，尽管它们和实数一样的的确确存在！实数和虚数之和称为复数。同样，“复”也是用词不当，因为它的本意是日常意义上的“复杂”，即困难或复杂，但事实上复数并不“复杂”。许多人在学校里从未学过复数，不过本书作者戴维经常把虚数和复数的概念介绍给十岁或十一岁的家教学生，他们掌握起来毫不费力。

随着历史发展，复数开始流行并逐渐被接受，因为它们被证明是在获得实数答案的过程中有用的步骤。的确，我们在日常数学中并不需要复数，大多数情况下就连负数也不见得需要

---

① 作者笔误，应为 $(a/3)^3>(b/2)^2$。

知道。我们何必因为要处理i这个数字相关的事情而担忧呢。几乎没有人在日常工作中用到这个数，但是我们都依赖了解和使用复数和负数的人，因为这些数字在现代物理和工程学的许多领域都至关重要。它们被电气工程师用作表示交流电的方法，在相对论和量子力学（一门帮助我们在原子和亚原子水平上理解世界的基础的学科）等物理领域中也难以避开。复数在科学中的广泛应用是因为复数有一些非常有用的数学性质，例如 $x^2+1=0$ 这样的多项式在实数中不一定有解，但在复数中总有一个解。1799 年，德国数学家卡尔·高斯首次证明了这一事实，它的影响至关重要，被称为代数基本定理。

那么有了复数，我们是不是就探索到数字世界的边界了？事实远非如此。许多系统比复数系统更庞大，要理解它们，唯一的方法就是冒险进入一个叫作抽象代数的陌生领域。这个深奥的数学领域主要是从最广义的角度描述能够被定义明确运算的事物的集合，这对于喜欢构建自己的思想宇宙的人来说特别有吸引力。抽象代数研究的一类对象是群，我们在第四章探讨对称性时遇到过一些群的例子。另一类是环，它与圆无关，而是一个集合，在这个集合上定义了两种运算，分别标记为 + 和 ×。这些运算与我们熟悉的加法和乘法性质相同。精确地说，环的加法满足结合律，并且必须有加法单位元（加法零元）和加法逆元。环的乘法还必须满足几个条件。自然数不会形成环，因为没有加法单位元或加法逆元（0 不是自然数，负数也不是）。

但是整数确实形成了一个环。其他的环包括有理数环、实数环和复数环等，还有很多其他的数环。

抽象代数可以帮助我们定义新的数字系统，并根据是环还是其他类型的数学对象对它们进行分类。我们可以找到不是由整数简单扩展形成的环，也可以找到更大的数系，其中之一，就是 1843 年由爱尔兰数学家威廉 · 哈密顿发现的四元数。复数可以在二维平面上表示，x 轴表示实数，y 轴表示虚数，哈密顿想知道比复数更大的系统能否在三维空间中表示出来。他努力寻找，最终发现了四元数，并想象其存在于四维空间。当他在都柏林的布鲁厄姆桥上漫步穿行时，灵光乍现，想到了公式 $i^2=j^2=k^2=ijk=-1$，他同时意识到 -1 的平方根并不只有两种可能（i 和 $-i$），而是有六种。事实上，我们现在知道了，-1 有无穷多个平方根！

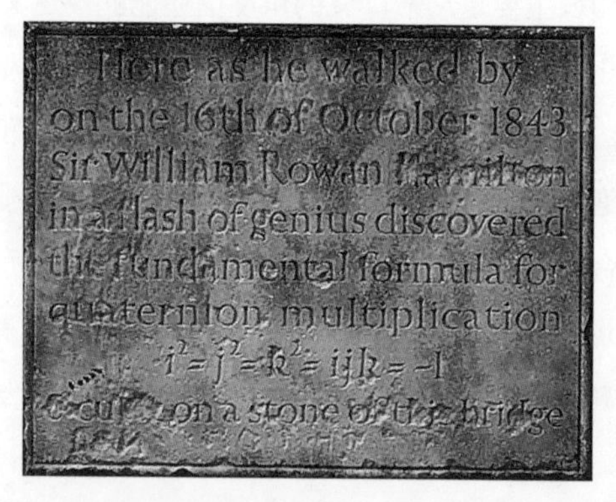

威廉 · 哈密顿在布鲁厄姆桥上漫步时想到了四元数公式

四元数从未广泛流行过，对大多数人来说，它甚至比复数更晦涩，但它在某些应用中证明了自己的价值。在四元数仅由 i、j 和 k 的倍数和组成的情况下，它对应于三维空间中的向量（具有大小和方向的量）。事实上，四元数可以表示为向量和标量的和，标量是实数部分。这种表现三维向量的方式使得四元数在三维动画和模拟中非常有用——在三维动画和模拟中，旋转视角必不可少，例如 3D 游戏就是使用四元数来表示视角旋转的。

受哈密顿发现的启发，爱尔兰数学家约翰·格雷夫斯提出了一种新的数字系统，他称之为八元数。然而，他迟迟没有公布自己的发现，最后被英国数学家阿瑟·凯利在 1845 年抢先将八元数介绍给了世界。八元数是 1 和另外七个数的倍数之和（通常简称 e_1，$e_2 ... e_7$）。它们满足等式 $e_1^2=e_2^2=\cdots=e_7^2=-1$。如果将两个不同的八元数相乘，需要一个复杂得多的乘法表。虽然八元数晦涩难懂，但它已在弦论这一高度数学化的物理学前沿课题中找到了一些用武之地。

即使是现在，我们仍然没有达到数字系统的极限，没有达到数学家想象的极限。我们已经找到了将实数扩展到包含无穷大和无穷小的方法。在所谓的超实数系统中，一个无穷大的数 ω 和一个无穷小的数 ε，可以与实数相加。它们的关系是 $\varepsilon=1/\omega$。ω 和 ε 可以进行乘法运算，例如 $3\omega+\pi-\varepsilon\sqrt{2}$ 就是一个超实数。还有一些超实数，如 ω^2，比 ω 和任何实数相乘要大，ε^2 则比 ε 和任何实数相乘要小。超实数可以进行加、减、乘、除运算，因此它与有理数、实数一样，形成了自己独特的数域。超实数也是有序的，因为我们可以定义一个超实数大于另一个超实数的含义，所以它们被称为有序域。其他一些域，如复数域，就不是有序域。例如，当 i 位于数轴的一边时，我们如何判断它是大于 0 还是小于 0？

对包含了无穷大和无穷小的实数领域最丰富的拓展，是我们之前提到的超现实数，它在逻辑上将戴德金的分割理论发挥到了极致。超现实数以 {L | R} 的形式表示，其中 L 和 R 是已经构造的超现实数的集合，并且 L 中的成员都小于 R 中的成员。新的超现实数必须位于这两个集合之间，要满足“大于 L 中的所有成员且小于 R 中的所有成员”这一条件。

用这个方法我们可以从无到有，造出一个庞大得难以想象的超现实数的世界。要构造第一个集合，L 和 R 都必须是空集(不包含成员的集合)。这给了我们超现实的数字 {|}，相当于整数中的 0。有了 0 之后，它就能在 L 和 R 中进行使用。那么 −1 就是 { | 0}，1 就是 {0 | }。接下来，2 是 {1 | }，3 是 {2 | }…以此类推。{0 | 1} 是 1/2。分母是 2 的幂的所有分数，即所谓二元有理数，都可以在超现实数体系中以有限的步骤表示。但是只包含二元有理数的系统不是很强大：它甚至不能表达所有有理数，更不用说所有实数了。当我们允许无限多步骤时，重大的突破发生了。在无限多个步骤之后，一旦所有的二元有理数都被构造出来，再有一个步骤就足以产生所有的实数。事实证明，

虽然戴德金最初在戴德金分割中使用了所有的有理数，但其实只用二元有理数就够了。

然而，实数并不是唯一被创造出来的新超现实数，事实上，ε 和 ω 也是同时产生的。在 ε 的情况下，L 包含 0，R 包含所有先前创建的正超现实数（所有二元有理数）。同时，对于 ω，L 包含所有已经存在的超现实数，所以 ω 比它们都大。对于所有二元有理数 x，$-\varepsilon$ 以及 $-\omega$ 也被定义出来，表示成 $x+\varepsilon$ 和 $x-\varepsilon$。

之后，其他一些超现实数也能创造出来。一旦我们有了 ω，就可以有 $\omega-1$ 和 $\omega+1$，以及一大堆其他数字，比如 $\pi+\varepsilon$（L 由 π 组成，R 包括 $\pi+1$，$\pi+1/2$，$\pi+1/4$，以此类推）。还有 $\sqrt{\omega}$ 这样的数，其中 L 由 1、2、3…等组成，而 R 包含 ω，$\omega/2$，$\omega/3$，$\omega/4$…。

超现实数的数量如此庞大，实数只是其中微不足道的一部分。同样，还存在超越数，数量远大于其他实数，比起超现实数之于实数，还要大到难以想象。

超现实数是可能存在的最大的有序域。它们最终不仅包含了所有实数，还包含了所有超实数，甚至具有更大的无限层次。超现实数的数量之大令人难以置信，以至于没有一个无穷大到足以全部包含它们。超现实数如此之多，它们组成了一个真类——没有一个集合能够大到将它们全部容纳。

第七章　朴素又奇特的密铺

有时我对密铺图案的热情使我感受到：它就是世间最魔幻美丽的存在。

——M.C. 埃舍尔

圣迭戈，1975 年的一天，玛乔丽·赖斯在她儿子的《科学美国人》杂志上读到一篇文章。文章介绍说，目前已知的五边形中，只有八种可以铺满或镶满一个平面。尽管赖斯高中毕业后再没碰过数学，但她开始寻找另一种五边形。几年后，她不止找到一种，而是四种新的镶嵌方式，这一发现足以发表在学术期刊上！

你不一定非得是数学家才可以欣赏密铺之美。密铺几乎与人类文明同样悠久，既是智慧和理性的产物，也是艺术的作品。它的本质就是简单：一个由形状构成的图案，完美拼贴而成，可以无限重复，相互之间不重叠且不留空隙。密铺图案可以由陶瓷、砖或其他材料制成，自古苏美尔时期就被用作墙壁、地板和天花板的装饰。

“密铺”和“镶嵌”这两个词可以互换使用。“镶嵌”(Tessellation）源自拉丁语 tessellatus，意为“方形的小石头或瓷砖”，但如今被用来描述由任何形状的瓷砖组成的完美拼贴图案。在许多镶嵌图案中，瓷砖都是由正多边形（即所有角相等、所有边等长的直边形状）组成的。规则密铺仅由同一种正多边形组成，事实证明只有三种类型，由等边三角形、正方形或正六边形拼贴而成。之所以有且仅有这三种，是因为它们的内角——分别为60°、90°和120°——都正好能被360°整除，这也是每个“瓷砖”在其顶点或角相交时必须构成的角度。半规则密铺也由正多边形组成，但不止一种，而且在每个顶点出现的多边形排列方式是相同的。半规则密铺总共有八种，如果包括允许镜像的等边三角形和正六边形的密铺，则有九种。在其他半规则密铺中，有两种涉及正方形和三角形，还有一种由十二边形、正方形和六边形组成。不规则密铺则包括所有其他的可能性。换言之，它们可以由任何形状的瓷砖拼成，不一定是正多边形，甚至不一定是直边的形状。

在自然界中，人们最熟悉的密铺是整齐的六边形排列的蜂巢。更大的六边形密铺能在柱状玄武岩上找到，这些岩石是以往的火山岩浆慢慢冷却形成的，在世界上许多地方都能见到，

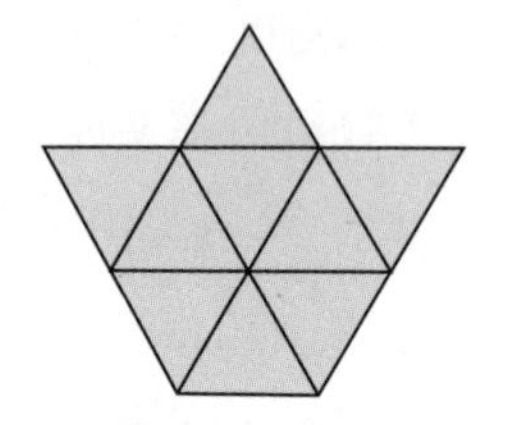
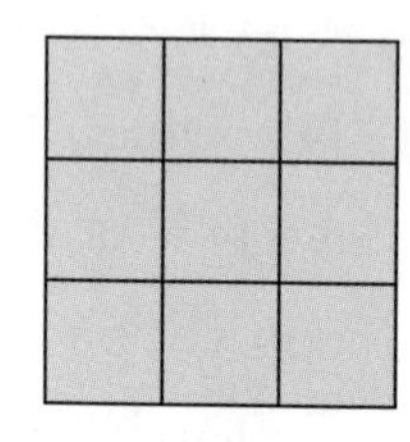
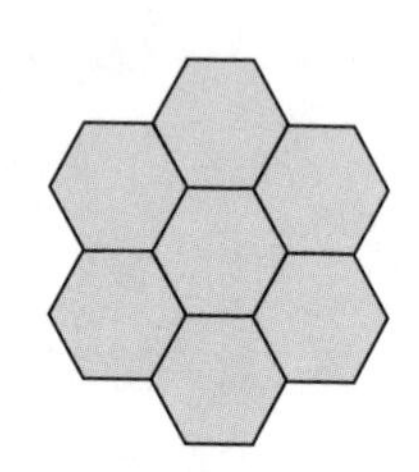

规则密铺

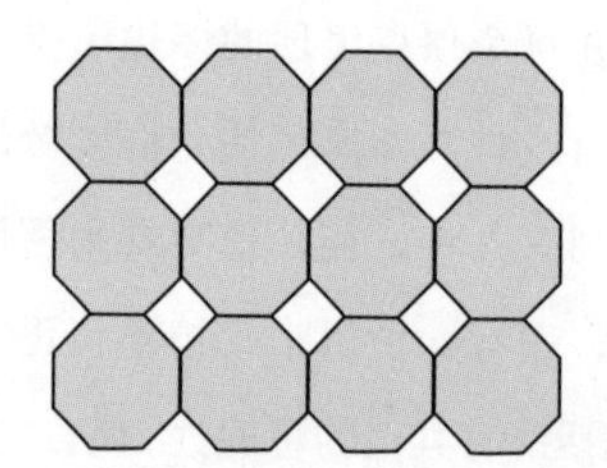

半规则密铺

例如北爱尔兰的巨人堤和加利福尼亚的魔鬼柱。在某些花朵（如凤仙花）以及鱼和蛇的鳞片上也能找到密铺图案。

人工制作密铺图案的已知历史可以追溯到公元前3000年或更早——一些马赛克图案在现在伊拉克南部的苏美尔建筑的柱子上被发现。不同颜色的小六边形瓷砖被排列成锯齿形和菱形的图案。瓷砖是由正六边形紧密地拼接在一起，因此构成了真正的密铺图案。大多数马赛克（如罗马别墅中常见的那些）并非如此，它们描绘的是人或动物的场景。许多马赛克的拼块虽然间隔很近，但有空隙，因此在数学定义上不算真正的密铺。

在伊斯兰世界，表现有生命或真实的物体是被禁止的，因为这被视为偶像崇拜。因此，建筑物的装饰被限制为纯几何形式。伊斯兰艺术家需要充分利用有限的创作空间，设计出将各种图形完美紧密连在一起的复杂而华丽的图案。西班牙南部神话般的阿尔罕布拉宫最能体现这种匠心。它最初建于公元889年，是一座小型要塞，经过重建和扩建，最终在14世纪成为一座富丽堂皇的皇家居所。在阿尔罕布拉宫墙面上，你可以尽情漫游在密铺的世界，充分感受匠人的精妙技术和那些变化万千的图案设计。

阿尔罕布拉宫的密铺图案不仅包含多边形的排列，还包括曲线形状以及不同色彩的瓷砖，这些图案组合在一起，具有极高的工艺价值和审美价值。与密铺相关的一个概念是壁纸群，总共有十七种。壁纸群是基于图案的对称性对二维重复的图案

阿尔罕布拉宫的密铺图案

进行分类的数学方法。如第四章所言，二维平面上只有四种基本的群对称：反射、旋转、平移和滑移反射对称。每个壁纸群包含两种不同的变换，因此属于壁纸群的密铺形式都能不断地周期性重复，直到填满整个平面。此外，它还可能包含其他对称形式，如中心对称、轴对称和滑移反射对称。人们普遍认为在阿尔罕布拉宫发现的许多密铺包括了十七种壁纸群的所有表现形式，尽管有些数学家认为有遗漏，但阿尔罕布拉宫的多种密铺还是给人留下深刻的印象。荷兰艺术家毛里茨·埃舍尔深深为这些艺术品所折服。1922 年，年轻的埃舍尔第一次参观这座摩尔式宫殿并在此停留了很长时间，1936 年才返回。他花了几天时间描绘这些密铺图案并记录笔记，直到完全沉浸在密铺的概念之中。后来，他写道：

> 于我而言，研究密铺是如此令人痴迷的事，我常常感觉对它欲罢不能。

他在阿尔罕布拉宫绘制的草图成为他后来艺术创作的主要灵感来源。埃舍尔通过阅读匈牙利数学家乔治·博尧和德国晶体学家弗里德里希·哈格关于平面对称的论文深入了解密铺背后的数学原理，称之为“平面的规律分割”。寄给他论文的是他的兄弟贝伦德，一位地质学家，非常了解对称性在晶体结构中的重要性。埃舍尔熟悉十七种壁纸群，并开始使用自己的几何图案制作周期性密铺。不过，他尝试用鸟类、鱼类、爬行动物等复杂相连的形状来替代多边形元素，还有天使和恶魔的巧妙交织的图案。他最早以密铺和六角形网格为基础的作品之一，是1939年用铅笔、墨水和水彩绘制的《使用爬行动物规则分割平面的研究》。绿、红、白三种颜色的蜥蜴头在每个顶点处交汇，而身体的其他部分则精确结合在一起，毫无空隙。四年后，他在著名的平版画作品《爬行动物》中再次使用了这种设计。

与纯粹的艺术表现形式不同，对密铺的数学探索仅仅始于几百年前。最早接受挑战的，是德国天文学家和数学家约翰内斯·开普勒，他在1619年出版的名著《世界的和谐》中提到了密铺。在这本书的前两章中，他讨论了正多边形和半正多边形，由此开始思考规则和半规则密铺如何填充整个平面。

这似乎让人惊讶：以提出行星运动三大定律而闻名的开普勒竟然还讨论过密铺！他在《世界的和谐》一书中主要讨论他认为的音乐理论和世界运动之间的联系。但那个时代，科学仍然混杂着神秘主义色彩。在开普勒看来，天体的完美运行必须反映在某些几何形式和音阶中协和音符的完美上。他是第一个研究蜂巢和雪花的数学结构的人，也是第一个在三种规则密铺之处找到八种半规则密铺的人。他把半规则密铺称为“完美刻画”，把规则密铺称作“最完美刻画”。

遗憾的是，他在密铺上的研究成就很大程度上被后世数学家所忽略，也被他在天文学方面的造诣所掩盖。直到 19 世纪末，为了应对给晶体的不同形式进行分类这个紧迫的科学问题，密铺的数学研究才有了进一步发展。事实上，密铺的下一次重大飞跃，是俄罗斯学者叶夫格拉夫 · 费奥多罗夫完成的，他对晶体学和几何学有着浓厚的兴趣。他早先感兴趣的领域是多面体，即可以存在任何维度空间的、边为平面的物体。1891 年，在出版《多边形基础》六年后，他证明出最著名的两个结论。第一个是，正好存在二百三十种空间群。这些群是物体在三维空间中所有可能的对称群，并且表示了物体对称性的独特形式，例如原子可以排列成晶体。另一方面，他还证明了在二维空间中，二百三十种空间群只剩下十七种类型，也就是之前提到过的十七种壁纸群。

到目前为止，我们讨论过的所有密铺都是周期性的。简而言之，这意味着密铺的图案在两个方向上不断重复（这一特性也确保了它属于壁纸群）。判断密铺是否为周期性的方法是建立一个由两组均匀间隔的平行线组成的网格，网格被分割成的平行四边形称为周期平行四边形。如果密铺是周期性的，那么总有办法使得网格覆盖在密铺上时，每个周期平行四边形中包含相同的单元格，即“基础单元”。同样，从一个基础单元开始，我们可以在整个平面上通过无限地复制、翻转、粘贴，重新创造出密铺。周期性密铺和非周期性密铺都有无限多种。非周期性密铺指的是不具有平移对称的密铺，因此不能通过上述网格测试。过去，数学家认为如果可以用一组瓷砖制作出非周期性密铺，那么也可以用同一组瓷砖制作出周期性密铺。例如，等腰三角形可以进行周期性密铺，也可以按放射状排列，虽然高度有序，但显然是非周期性的。

1961 年，中国逻辑学家、数学家王浩想知道，是否总有可能用一种定义完备的程序或算法来提前预判一组瓷砖能否铺满平面。他着重研究边缘涂以不同颜色的方形瓷砖组合，这就是所谓的“王氏多米诺骨牌”。他猜想，如果每一组能铺满平面的瓷砖都能周期性密铺，也许就可以找到这样的判定算法。然而，几年后，他的学生罗伯特·伯杰证明这个假设是错的。伯杰发现了第一个由王氏多米诺骨牌组成的非周期性密铺的例子——一组瓷砖可以形成非周期性密铺，但不能形成周期性密铺。这是一个大工程，涉及两万多块瓷砖。此后，伯杰又发现了一组只有 104 块王氏多米诺骨牌形成的非周期性密铺。之后计算机科学家和算法专家高德纳等研究者进一步减少了非周期性密铺图案需要的王氏多米诺骨牌数。王氏骨牌通过添加凸出和凹陷可以有很多变体，但形状都接近方形。1977 年，业余数学家罗伯特·阿曼发现了一种仅由六块方形瓷砖组成的非周期性密铺。在王氏多米诺骨牌的基础上，能否进一步减少非周期性密铺所需的瓷砖数，目前还不得而知，但这样的可能性似乎并不大。

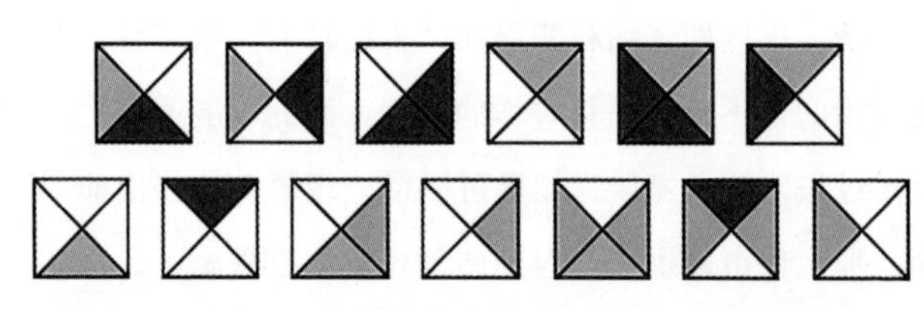

王氏多米诺骨牌

不过，通过将注意力转向可能实现非周期性密铺的其他瓷砖类型，人们取得了新的进展。在这一领域领先的代表人物是英国数学家和数学物理学家罗杰·彭罗斯，他因研究广义相对论和宇宙学而闻名。在 20 世纪 70 年代早期和中期，彭罗斯发现了三种类型的非周期平铺，现在都以他命名。第一个被称为 P1，是由五边形和其他三种形状组成：钻石形、星星形和船形。钻石是一个窄菱形（四条等边、内角相等的四边形），星星形是五角星形（有五个点），船形是五角星形的一部分（大约五分之三个五角星形）。这些形状必须按照一定的规则组合在一起，通常以不同的颜色显示。

彭罗斯发现的另外两种密铺图案只用了两种瓷砖。谈论最广泛的 P2 由风筝图案和飞镖图案以特定比例组成，这两种形状可以由菱形的一个长对角线按 $1:1/\varphi$ 的比例分割，其中 φ 是黄金比例。另外，风筝可以被认为是两个连在一起的黄金三角形——钝角等腰三角形，其等边长度与第三边的长度之比是 $1:\varphi$。飞镖图案是由两个黄金磬折形的三角形（三个角的比例为 1：1：3）组成的。黄金磬折形的锐角是 36°，和黄金三角形的顶点一样。

在没有其他图形的情况下，风筝和飞镖就会周期性铺满整个平面。为避免这种可能性，可以在瓷砖交界处加上凹槽和凸舌或添加色彩更美观的彩色圆弧，按照一定的颜色匹配规律来拼贴瓷砖。

第三种类型的彭罗斯瓷砖 P3 由锐角分别为 36° 和 72° 的两个菱形组成。同样，它们也需要以特定方式组合在一起，从而避免形成周期性密铺图形，例如不允许它们组成平行四边形。彭罗斯所有密铺的共同特点是局部五重旋转对称。彭罗斯和数学家约翰·康威分别独立证明：如果密铺上的彩色弧线能够闭合形成一个圆，那么曲线周围的整个区域就会呈现五重旋转对称。

彭罗斯有着敏锐的商业头脑，在向全世界公布发现之前就申请专利，并在 1979 年取得了专利。也许有人认为，针对一个宇宙中的自然现象申请专利，对从事纯粹研究的人来说是一个不好的先例，也有人认为，至少从法律的角度来说，这个事件能够对“数学究竟是被发明的还是被发现的”的哲学问题给出一个回答。另一方面，彭罗斯确实花了大量业余时间来研究这个问题，可以说，他的努力和所有艺术创作者一样，理应得到一些经济回报。

同时，彭罗斯毫不放过每一个侵犯他专利权的人。1997 年，妻子带着一些舒洁绗缝厕纸回家，彭罗斯很快发现卫生纸上印着他的一种专利图案。据报道，这位牛津大学的数学家发现自己的设计被以如此不体面的方式展示出来感到“震惊和沮丧”。在《华尔街日报》的报道中，彭罗斯的律师说:“他对此很介意。”因此，彭罗斯和 Pentaplex 有限公司（约克郡一家购买了彭罗斯图案许可权的公司）联合起诉了舒洁品牌制造商金伯利公司侵犯版权。他们还申请销毁所有现存令人不适的舒洁厕纸库存，并从销售该产品的利润中预估损失赔偿金。Pentaplex 负责人大卫·布拉德利说:“大公司肆意掠夺个人或小企业的成果的事情并不少见。但这件事涉及整个大英帝国的民众，他们被一个跨国公司邀请来使用一位王国骑士的杰作擦屁股，并且没有得到他的许可。这种情况下，我们必须做出最后的抵抗。”

当然，一卷压花厕纸使用非周期性密铺图案而不是周期性密铺图案是否具有宇宙意义，可能永远不得而知了，但彭罗斯密铺的确拥有很大的魅力。首先，彭罗斯图案的数量不计其数。

其次，令人惊讶的是，所有彭罗斯图案都是类似的：一种彭罗斯图案的每个部分都能在其他彭罗斯图案中找到无限重复。因此，要分辨密铺图案中的任一部分归属哪个密铺类别是不可能的。为更好地解释这奇怪现象，趣味数学作家马丁·加德纳想象，如果你身处一个无限铺满某种彭罗斯图案的平面上，会有什么感觉：

> 在无限扩展的区域里，你可以逐个检查脚下的图案。但不管检查多少图案，你都无法确认你所处的平面是哪一密铺类型。再走更远或者检查没有连接在一起的图案也无济于事，因为所有区域都属于一个大的有限区域，而这个区域上所有图案都被无限重复了。

英国数学家约翰·康威证明了一个有关彭罗斯图案的区域匹配的重要定理。假设一个彭罗斯图案的某个圆形区域的直径是d，再从另一个彭罗斯图案上随机选择的一点出发，请问距离最近的相同圆形区域有多远？康威证明出，最近的匹配区域的边缘距离永远不会超过黄金比例三次方的1/2乘以d，大约为2.11d。对同一密铺中的相同区域来说也是如此：从边缘到边缘的距离永远不会超过区域直径的两倍。

作为纯数学的创造物，非周期性密铺的发现令人大吃一惊，但这种吃惊与科学家们在真实世界中发现它们时的震惊相比，根本不值一提。人们理所当然地认为自然界中所有晶体结构都具有 2、3、4 或 6 阶的旋转对称性，并且外表面和解理面的排列都极有规律。但 1976 年罗杰·彭罗斯写信给马丁·加德纳暗示："准周期"晶体可能存在。不久前，加德纳告知彭罗斯关于数学家罗伯特·安曼的新发现——以非周期性方式密铺空间的两个菱形面体。彭罗斯还指出有些病毒的外形呈十二面体或二十面体状，它们为何有着这样的结构？这一直是个谜。他还说道：

> 如果以安曼的非周期性形状固体元素作为基本单位，我们就可以得到准周期"晶体"，其中包括沿着十二面体或二十面体平面这种看似不可能（在晶体学上）的神奇解理面。那么病毒是否可能以这样的非周期性基本单位的方式生长呢，还是说这只是异想天开？

事实证明这不是异想天开，反倒具有非凡的预示性。接下来几年，学术界越来越多地推测非周期性晶格构成晶体结构的可能性。1984 年，一条轰动的消息震惊了所有人。以色列材料科学家丹·谢赫特曼和他在美国国家标准局（他休假的地方）的同事们报告称，他们在快速冷却的铝锰合金的电子显微照片中发现了一种非周期性结构。一些化学家很快将其命名为"谢赫特曼石"，其显微照片具有清晰的五重对称性，强烈暗示存在一种类似于彭罗斯密铺的非周期性空间密铺。谢赫特曼因发现后来被称为“准晶体”的结构而被授予 2011 年诺贝尔化学奖。

然而，人们普遍接受准晶体的存在却花费了很长一段时间，因为它违背了人们一贯的认知。“我在对抗整个世界，”谢赫特曼回忆说，“我成了人们嘲笑的对象，成了晶体学基础知识讲座的反例。”抨击最激烈的一个人是两届诺贝尔奖得主莱纳斯·鲍林，他坚称：“世界上没有准晶体，只有准科学家。”

今天，没有人再怀疑准晶体的存在。基于各种金属合金，人们已经发现了数百种有不同成分和对称方式的准晶体。第一种被制造出来的准晶体在热力学上呈不稳定状态，一旦被加热，它会恢复到普通的晶体形态。但是，第一批稳定的晶体在 1987 年被发现，使得人们能够生产足够多的准晶体样品以便进一步研究，有朝一日有可能投入技术应用。经过长时间对天然准晶体的寻找，一个国际科学家团队最终找到了一种名叫 icosahedrite 的物质，它的化学式为 $Al_{63}Cu_{24}Fe_{13}$，在俄罗斯科里亚克山露天采集的矿物蛇纹石中以细小颗粒的形式被发现。分析表明，几乎可以确定它来自大约 45 亿年前太空中的碳质球粒陨石，那时地球才刚刚形成。通过进一步对陨石发现地的地质探测，更多被找到的陨石标本证实了陨石来自其他星球。20 世纪 80 年代末，相同类型的铝 – 铜 – 铁准晶体曾被日本冶金学家在实验室制造出来。

在数学界和自然界中仍有许多有关密铺的未解之谜。就彭罗斯密铺而言，目前所需的最小不同密铺瓷砖的数量是 2。能否将这个数字减少到 1 呢？没有人能够回答，它仍然是一个充满吸引力的悬而未决的问题。[①]

德国几何学家海因里希·希什在 1968 年提出另一个著名的问题。所谓某个形状的“希什数字”是指这个形状最多能被同样数量的自身复制的形状包围（没有间隙或重叠）的次数。很明显，对于三角形、四边形、正六边形或任何可以单独密铺整个平面的图形来说，这个答案是无穷大。希什的问题是，能否确定希什数字的集合，其中都是有限整数并且包括最大可能的有限希什数。

为解决这个问题，首先需要更精确地定义希什数字。在密铺中，一个瓷砖的第一个辐射区域（冕）就是所有与它有着共同边界的瓷砖的集合（包括自身）。第二个辐射区域是与第一个辐射区域相交的瓷砖的集合，以此类推。一个形状的希什数是 k 的定义就是，取满足在第 k 个辐射区域中的所有瓷砖都与初始形状一致的 k 中的最大值。在很长一段时间里，k 的最大有限数值是 3，这个数字的纪录保持者来自罗伯特·安曼发现的一个形状——由正六边形构成，在两个边上有小突起，而在三个边上有对应的凹陷。然而，2004 年华盛顿大学伯塞尔分校的数学家凯西·曼证明存在一个无限大的瓷砖家族，由具有凹陷和凸起形状的五边形组（一组五个六边形）构成，它的希什数是

①2023 年 3 月，加拿大数学家克雷格·卡普兰宣称他找到了一个非周期性单密铺形状。

5。到目前为止，这是已知最大的希什数，不过在未来很可能被超越。

希什数问题似乎与两个尚未解决的著名密铺问题密切相关：是否存在一种算法来确定一个形状是否可以密铺，以及是否存在唯一只能非周期性密铺的形状？非周期性密铺存在性判定似乎一直是设计密铺存在性判定算法的阻碍，因此这两个问题应该不可能有同一个解答。另一方面，如果存在某个希什数字的最大 k 值，那也许可以作为密铺测试算法的基础：只需测试 $(k+1)$ 个辐射区域来完成一个密铺，如果成功，则这个形状必然能够密铺平面；如果不成功，则该形状不能密铺平面。

尽管在密铺领域仍有许多未解开的谜题，新问题也在不断出现，但也取得了一些瞩目和惊喜的突破，有些还涉及更高的维度。例如，1981 年荷兰数学家尼古拉斯 · 德布鲁因证明了一个了不起的结果：通过将一个五维立方体结构投影到一个 P3 型的、以看起来不合理角度的线条切割五维空间的二维平面，可以得到每个 P3 型（由宽菱形和窄菱形组成的）彭罗斯密铺。

在复杂数学的另一端，并非不重要，那就是本章开头提到的赖斯女士的发现。尽管她在高中之后就再未接受数学训练，但被《科学美国人》1975 年 7 月的加德纳专栏中发布的一个发现给迷住了。加德纳声称，根据 1968 年发表的一项证明可得出，所有可密铺凸多边形（内角小于 180°）的分类已经完成。赖斯想弄明白是不是有什么图形被专家遗漏了，然后开始在厨房的瓷砖台面上绘制她能想到的密铺图案。这不是她第一次独自探索数学难题。她的一个儿子回忆说，她一直对与数字和几何学相关的问题感兴趣，例如黄金分割和胡夫金字塔的尺寸。尽管缺乏数学背景，但这不妨碍她探索密铺问题。“我发明了自己独特的符号系统，”她说，“并且在几个月内发现了一种新的类型。”她把她的发现——一种新型的五边形密铺图案——寄给了加德纳，加德纳转交给一位这方面的专家加以验证。赖斯用自己发明的方法寻找五边形的角点在瓷砖顶点处可能聚集在一起的不同方式，以此发现了四种新的能密铺的凸五边形，以及六十种基于这些图形的密铺类型，都是以前没人知道的。

赖斯拒绝就她的发现发表演讲，甚至对孩子们隐瞒了自己的工作。不过，随着她的成果在学术界和大众媒体广为传播，他们最终才得知了这件事。她于2017年7月去世，享年九十四岁，多年来一直患有失智症。巧合的是，就在同一个月，法国数学家夏埃尔·拉奥发表了一个证明，彻底完成了平铺平面的凸多边形的分类。五边形密铺总共有十五种类型（赖斯女士在厨房涂鸦发现的那四种也包含在内），没有更多了。她的成就之所以突出，不仅是因为独创性，还因为它表明即使在今天，一个未经专业训练的人仍有可能在数学前沿探索新的领域。

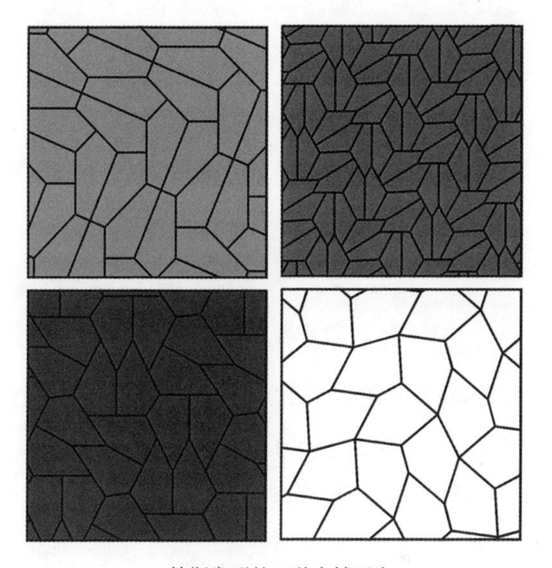

赖斯发明的四种密铺图案

第八章　奇怪的数学家们

许多数学家多多少少都有点奇怪。奇怪与创造力相伴。

——彼得·杜伦

数学家詹姆斯·瓦德尔·亚历山大二世总是让普林斯顿大学数学系大楼三层办公室的窗户开着，这样他就可以顺着大楼外侧爬进去。亚历山大是一位杰出的拓扑学家，开创了上同调理论和纽结理论，同时是一位攀岩专家。很有可能，他是唯一一个以自己的名字命名奇特拓扑学物体“亚历山大角球”，以及科罗拉多落基山脉上的一条冰川路线“亚历山大烟囱”的人。

另一位美国数学家葛立恒以发现超级大的数字而闻名，这个数字因是在数学证明中使用到的最大数字而被收进《吉尼斯世界纪录大全》。他还凭借顶尖的数论天赋和高超的“蹦床和杂耍”才能而出现在《雷普利:信不信由你》节目中。更独特的是，葛立恒曾同时担任美国国际数学学会和国际杂耍协会的主席。

各行各业都有色彩斑斓的人物，其中不乏怪人，而数学领域在拥有“怪人”方面似乎独占鳌头。有些顶尖的数学家，比如亚历山大和葛立恒，仅是因为他们在一些毫不相关的领域造诣颇深而脱颖而出。还有一些数学家完全沉浸在数学中，几乎把其他事情都排除在外，以至于显得脱离正常世界，他们的特征与个性在我们看来就有些“古怪”。其中就有匈牙利的保罗·埃尔德什，他是葛立恒的密友，非常多产，葛立恒甚至被感动到发明“埃尔德什数”的概念。如果你跟别人合写过学术论文，那么你很可能有一个埃尔德什数，亦即将你与埃尔德什的某篇学术论文联系起来的跳转步数。如果你是 509 位与埃尔德什合著过论文的研究者之一，你的埃尔德什数为 1；如果你跟与埃尔德什合著过论文的研究者合著过论文，你的埃尔德什数为 2，以此类推。

埃尔德什几乎毕生都扑在数学上，论文数量达到了惊人的 1525 篇。他没有工作，居无定所，只把少量物品装在几个破箱子里随身携带，他大部分收入都捐给了慈善机构，或者作为出于某种原因他自己还无法解开的数学问题的悬赏，但他未能管理好自己的生活。他在不同大学之间往来，住在数学界友人家里，这些朋友照顾他，与他合作，过不了几天，不间断的高强度学术探讨会把朋友们都累得够呛。在他生命的最后几十年，他每天工作十九个小时，喝大量的浓缩咖啡、服用咖啡因片和安非他命来保持清醒。1979 年，由于担心他过于依赖这类药物，葛立恒用五百美元跟他打赌，说他无法坚持一个月不碰这些药。但埃尔德什做到了，赢了这五百美元，并说："你让我知道我并不是个瘾君子。但我没有完成任何工作……你让数学的发展滞后了一个月。"然后他又继续服用苯丙胺药片。

痴迷数学这件事可以追溯到很久以前，至少可以追溯到两千五百年前的毕达哥拉斯及其追随者。关于毕达哥拉斯，确凿的了解并不多，因为他没有作品流传下来。关于他有许多神奇的传说，其中一些奇幻又搞笑。不过，他是一个神秘学说教派的头目，该教派相信人死后灵魂会迁移到新的身体、数字是宇宙的中心，以及得到相当程度认可的"星球的和谐"（太阳、月亮和行星的运动能创造和谐音律）。他似乎对豆子也有特殊的看法，禁止门徒吃豆子和各种肉类。据一个可能是杜撰的说法，毕达哥拉斯由于拒绝踩踏不起眼的豆子而导致自己的死亡。他被袭击者追出家门来到一片豆田，但他不肯穿过，还说："我宁可死。"这时，袭击者追上他，割断他的喉咙，成全了他。

同样悲惨且细节更真实可信的是杰出的法国青年数学家埃瓦里斯特·伽罗瓦在 1832 年的死亡。青少年伽罗瓦总是毫不费力地在脑中解开所有难题，只写结果，从不写得出结果的细节，这让老师非常生气，也阻碍了他的学业。但是这不妨碍他从事自己的研究。他完成了一系列论文（有些在他死后才发表），其中就有他寻找五次多项式方程求解方法时有效建立群论的相关论文。

1829 年伽罗瓦的父亲自杀后，他的生活开始变得糟糕。作为一名坚定的共和党人，他激进地参与到火热的政治示威中，数次被送进监狱，在狱中仍继续研究数学。他在第二次获释后不久卷入了一场决斗，或许是为了一个女人，但也可能是政治对手设下的陷阱，具体情况不得而知。无论如何，伽罗瓦在决斗中腹部中弹，次日去世，年仅二十岁。他确信自己会在决斗中丧生，因此决斗之前彻夜写下了自己最重要的一些数学思想。这些笔记连同一些未发表的论文，在十四年后被超越数的发现者约瑟夫·利乌尔发现。利乌尔认为许多伽罗瓦以前不为人知的著作是天才之作，将之介绍给了全世界。

伽罗瓦最大的优势就是能够超越他人，不需要在中间步骤上花费太多时间就能突破数学的新领域。但是他的想法太超前，又缺乏严格的证明过程，这令他同时代的人沮丧。直到他死后很久，人们才逐渐认识到他的数学贡献有多重要。另一位数学家斯里尼瓦萨·拉马努金也是如此，生命也很短暂。

在职业生涯的早期，拉马努金基本上是自学成才的，他是数学家中最神秘的一个。他似乎能从稀薄的空气中提取想法，或者他会说，是印度教创造女神娜玛卡尔在梦里送他的礼物。他说，答案往往不请自来。在做了一次这样的梦之后，他写道：

我在梦中有一个不寻常的经历。我看到一个由流动的血液形成的红色幕布。我正观察它。突然，一只手开始在幕布上写字，我一下子全神贯注，那只手写了许多椭圆积分的答案。它们萦绕在我脑海里。一醒来，我就赶紧把它们记下了……

当拉马努金在马德拉斯（现在的金奈）做小职员时，他利用业余时间在数论方面有了深刻的新发现，或者说，无意中重新发现了西方数学家花几个世纪才得到的一些结论。即使结论早已为人所知，但他的解法却是完全凭借直觉自己得来的。

他曾写信给英国几位著名数学家，希望他们对他的发现感兴趣，但基本上不被理睬。直到 1913 年初他给剑桥大学的哈代写了一封信。哈代认可了拉马努金的一部分公式，同时认为其他公式“简直难以置信”。至于拉马努金的连分式定理，他“从没见过类似的东西”，但猜测它们肯定是真的，“因为如果不是真的，没人能有这样的想象力将它们发明出来”。

哈代邀请拉马努金来剑桥，加入他和他的好同事约翰·李特尔伍德的研究工作，但是对拉马努金来说，这个决定并不容易做，因为他将不得不离开他的家庭、13 岁的妻子（包办婚姻）、熟悉的生活方式，并失去婆罗门的身份（这个种姓的成员忌讳漂洋过海）。拉马努金的母亲起初完全反对他外出，但三个月后，她说女神娜玛卡尔在梦中让她不要阻挡儿子，她才放下心来。在一位偶然停留印度的剑桥数学家的陪同下，拉马努金乘坐“纳瓦萨号”启航远行。他携带了一个装满笔记本的手提箱，里面写满了他多年来发现的数学宝藏。

拉马努金在英国的生活很艰难——天气湿冷，文化陌生，他英语也不好。他严格遵循婆罗门的素食原则，这意味着他必须自己做饭。但是他做饭很不规律，再加上1914年第一次世界大战的爆发，他很难买到自己吃得惯的食物，变得营养不良。从好的方面来看，他有一位杰出的老师哈代。哈代能给拉马努金布置一些恰到好处的任务，让他填补数学知识的空白，同时不伤害他的自信心和天生的思想自由。哈代回忆说：

> 他知识的局限性和深奥性同时令人震惊……不可能要求这样一个人按照系统的方法来从头开始学习数学。但另一方面，有些知识他不得不去学习……因此我不得不努力教他，某种程度上我成功了。但我从他身上学到的显然比他从我这里学到的更多。

在这近三年的时间里，尽管拉马努金适应新环境时十分艰难，但他在学术上仍取得了成功。在哈代的帮助下，拉马努金发表了一系列重要论文，哈代也在帮助拉马努金订正许多论证和陈述方面发挥了关键的作用。2015年电影《知无涯者》的导演马特·布朗被拉马努金和哈代之间的故事深深吸引：

他们两个人截然不同。拉马努金是来自印度马德拉斯的婆罗门，没有受过正规教育。他认为公式只有表达神的思想时才有意义。哈代则是著名的剑桥大学三一学院德高望重的教授，同时是一位公开的无神论者。两个人克服个人差异完成了数学史上最伟大的合作之一，这是一个不可思议的故事。

可惜，这段合作结束得太快。1917 年春，拉马努金病重，也许是患了肺结核，他在英国剩下的时间里不得不频繁出入疗养院。1919 年，他恢复得不错，可以回到印度，希望熟悉的气候和食物有助于他恢复健康，但第二年他就去世了，年仅三十二岁，当时他的数学能力正处于巅峰。

即使在今天，研究人员仍在研究他留下的杂乱但迷人的笔记本，寻找新的宝藏。他在仿 θ 函数这个课题上的最后一些研究成果，八十多年后被证明在黑洞物理学和弦论中非常重要。此外，学者们仍在试图理解拉马努金是如何得出他的结果的，以及这些结果是否正确。

这位印度天才的独特能力引发了人们对于直觉和数学本身这些有趣问题的思考。一个相对于其他数学家而言对数学几乎一无所知的人是如何取得深刻发现的呢？拉马努金有什么特别之处，使他比同时代的人有着更多的数学洞察力？诚然，没人会否认他有一颗聪明绝顶的大脑：他在哈代指导下快速取得进步便证明了这一点。这并不完全归功于纯粹的洞察力，但不知何故，他的宗教信仰——他相信关于数字的公式和真理是他在想象世界中得到的神圣礼物——似乎开启了他的心智，让他有可能直接进入数学现实。

另一位常有数学灵感迸发、思想超前的数学家是爱尔兰数学家威廉·罗恩·哈密顿，他在物理学的多个领域也颇有建树。他最伟大的见解之一是将复数视作一个实数对，因此消除了人们对虚数（−1 的平方根的倍数）仍存在的偏见。正如我们在第六章中读到的，他将这种方法从平面扩展到三维空间，并创造出四元数的概念，这对于描述三维空间中的旋转非常有用。1843 年的一天，哈密顿站在都柏林皇家运河的布鲁姆桥上，突然萌生了这个想法。他回忆道：

> 四元数诞生了，它是几何、代数、形而上学和诗歌四个父母产下的奇妙后代……我可以用写给约翰·赫舍尔爵士的一首十四行诗中的两句来更清晰地阐述四元数存在的性质和目的："一维的时间，三维的空间 / 它们环环相扣，在符号组成的链条上。"

哈密顿自诩为诗人。他凭借自己在文学方面的兴趣与塞缪尔·泰勒·柯勒律治、威廉·华兹华斯成为朋友，并像他们一样以当时的浪漫主义风格创作了诗节——尽管写得不够好。华兹华斯想鼓励哈密顿，但担心哈密顿在诗歌创作上花太多时间，只好温和地提醒他：你真正的才华在于数学和科学。

哈密顿是一个典型的怪人，也是大众心目中心不在焉的教授形象的化身。尽管他性格开朗、和蔼可亲、彬彬有礼，但他总是在约会时迟到，总是误以为他能把难懂的话题向普通听众解释得很清楚。事实上，他并不是一位优秀的演讲者，他演讲时很容易偏题，总是絮絮叨叨地谈论他脑子里突然出现的想法。他是一个理论天才，善于给数学和物理世界带来秩序，但常常会沉浸于自己的研究而忽视现实生活中的问题。他工作的房间里一片凌乱，文件显然都是随意堆放，但是哪怕有人轻微地挪动了这堆文件，哈密顿总能察觉出来。后来，哈密顿对自己和周遭环境的关注度还不断下降，工作起来常常忘记吃饭。正如E.T. 贝尔在《数学大师》一书中写道："堆积如山的文件堆里发现了无数盛着干瘪的剩饭、没动过的排骨的餐盘，这些饭菜足够一大家人吃了。"

正如哈密顿的诗歌中展示的那样，他本质上是一个无可救药的浪漫主义者。女人觉得他很有魅力，因为他有绅士风度，他的聪明才智显然也很吸引人。但他的个人生活并不总是幸福的。1824 年访问米斯郡的一个庄园时，他深深爱上了一个女人——凯瑟琳·迪斯尼。他们相爱，但他那时还是学生。凯瑟琳的父母并不接受她嫁给一个没钱又前途未卜的男人，反而安排凯瑟琳嫁给了比她大十五岁、出身富裕家庭的牧师威廉·巴洛。

哈密顿心烦意乱，一度想要自杀。诗歌成为他宣泄激情的出口，他写的许多诗歌都是关于这段失去的爱情。

1833 年，哈密顿与海伦 · 贝利结婚，育有二子一女，但这段婚姻并不幸福。海伦被各种神经疾病折磨着，成了一个半身不遂的人，而哈密顿仍然迷恋着凯瑟琳，被抑郁折磨并开始酗酒。慢慢地，凯瑟琳开始秘密与哈密顿信件来往。丈夫开始怀疑他们的事，然后凯瑟琳向他坦白了，服用鸦片酊自杀未遂。五年后，她得了重病，哈密顿去看望她，并送她一本《四元数讲义》。他们留下深情一吻，两周后凯瑟琳就去世了。他悲痛欲绝，此后一直随身带着她的照片，向每一个愿意聆听的人讲述她的故事。尽管他继续在做研究，甚至写出了一本关于四元数的新书，却越来越疏于照顾自己。1865 年 9 月 2 日，他因暴饮暴食引发痛风而去世。

正如很多伟大的思想家和远见者那样，哈密顿一些作品的价值在死后才被后人充分认识到。他的四元数如今被用于计算机图形学、机器人学以及其他涉及空间旋转的技术和科学领域。他的另一个伟大发现在亚原子世界的物理理论中起到了重要作用。哈密顿改写了牛顿的运动定律并通过“哈密顿量”这一概念建立了强大的新运动规律体系。“哈密顿量”指的是一个系统里所有相关粒子的动能和势能的总和。德国数学家菲利克斯 · 克莱因认为，哈密顿量和将粒子与波动联系起来的所谓的哈密顿 – 雅可比方程，也许都跟量子力学这一全新领域有关。在克莱因的建议下，奥地利物理学家埃尔温·薛定谔研究了这种可能性，果然，哈密顿的成果可以作为核心纳入他的波动力学公式。

高等数学很难，这是无法否认的事实。在数学领域开辟新领域，特别是前人未涉足的领域，尤其困难，这可能是人类所能从事的最具智力挑战的工作。即使是最聪明的人，也会因为工作的强度、长时间集中精力于复杂抽象的细节而承受巨大的压力。人们常说，天才和疯子只有一线之差。但我们并不清楚，伟大的数学家崩溃是因为工作内容、精神状态，还是因为他们生活的环境。

有时，有人说英国数学家和计算机科学家艾伦·图灵生命的最后阶段是由于工作压力而变得精神不稳定。但图灵与同时代许多人一样，是由于同性恋身份而受到严重的迫害。尽管图灵是计算机和人工智能领域的先驱，并通过破译纳粹密码缩短了二战进程，但还是在 1952 年因为“严重猥亵罪”（同性恋性行为）被判入狱或化学阉割。他接受了后者。两年后，他在家中被发现死于氰化物中毒，究竟是自杀（官方定论）还是不慎吸入实验时产生的烟雾中毒，目前还不得而知。

另一位悲剧性地结束自己生命的研究者是奥地利理论物理学家和数学家路德维格·玻尔兹曼。他可能因为针对他理论的反对声音而自杀，尽管没人能确认这一点。玻尔兹曼与独立开创统计力学的美国学者威拉德·吉布斯同为统计力学的奠基人，他的情绪很容易大起大落，在兴奋和抑郁之间反复切换——这在今天可能被归类为双向情感障碍。他似乎对别人如何看待他的理论也极其敏感，而且不善于应对批评。1894 年，他被任命为维也纳大学理论物理系主任，一年后，恩斯特·马赫担任该校的科学史和科学哲学的系主任。玻尔兹曼和马赫在科学的基本原理上发生了冲突，玻尔兹曼认为物质的行为可以用原子的多次碰撞来解释，而马赫则坚决否认原子的存在。除了这一学术分歧，两个人也互相看不顺眼。

1900 年，由于厌倦了维也纳的这种紧张关系，玻尔兹曼接受了莱比锡的职位，成为物理化学家威廉·奥斯特瓦尔德的同事。不幸的是，奥斯特瓦尔德和玻尔兹曼虽没有个人恩怨，却更加反对他的物理学理论。在这个阶段，随着量子理论的出现，玻尔兹曼并不是在孤军奋战，甚至不是科学界的少数派。也许可以说，只有奥斯特瓦尔德和马赫两个重要的坚持者在反对物质的原子论。但玻尔兹曼天性敏感，面对其工作的攻击时非常脆弱，有一次抑郁症发作时曾试图自杀。1906 年 9 月 5 日，他在的里雅斯特附近的杜伊诺湾度夏，在妻子和女儿游泳时选择了上吊自杀。他没有留下任何遗言。但有人认为他的身体每况愈下、易患抑郁症、与别人有哲学分歧或这些因素综合起来导致他自杀。

德国数学家乔治·康托尔的学术观点也遭遇了许多反对，甚至比玻尔兹曼遭遇的更多，此外还有贯穿其职业生涯的课题——无限——所带来的精神压力。康托尔在柏林大学学习，师从当时的数学大家，如卡尔·魏尔施特拉斯和利奥波德·克罗内克尔。后来，康托尔在研究中发现，“无限”不仅仅是一个抽象概念，也是一种新的数字类型——“超限数”。更重要的是，他发现无限有大小之分。他证明了所有实数的集合比所有自然数的集合大，而且令人费解的是，一条线段上的点的数量与一条线、一个平面或任何永远延伸的多维空间上的点一样多。在阅读他的证明时，他的同胞朋友理查德·戴德金说：“我明白你的意思，但我不相信。”当时支持康托尔的数学家并不多，戴德金和瑞典数学家约斯塔·米塔格－莱弗勒是少有的几个。有几位著名数学家强烈反对他关于无限的观点，而且不仅仅是在专业范围之内。法国著名数学家亨利·庞加莱认为康托尔的无限集合理论会被后人视为“一种已经康复的疾病”。对康托尔伤害最大的是他杰出的导师克罗内克尔。克罗内克尔不断讥讽他的著作并打压它们出版，阻止康托尔在声望颇高的柏林大学获得职位，甚至因为康托尔的异端观点而给他贴上“科学骗子”和“腐蚀青年者”的标签。与此同时，有些神学家也被触怒了，他们认为康托尔把“无限”作为一个轻易处理的数学概念是在亵渎上帝的无限神力。康托尔甚至被指责为泛神论者，而他自认是虔诚的路德宗信徒，完全否认这种指责。他坚持认为自己关于无限的想法正是来源于上帝。

1884 年，39 岁的康托尔第一次躁郁症发作，而同时代数学家的抨击即使并未导致但也加重了他的病情。在数次发作期间，他发表了更多数学成果，但更多转向其他领域的推测性理论。他还把越来越多的时间花在探索无限所产生的哲学和神学意义上。另一个体现其异类的是他详细论证了培根理论（认为莎士比亚的戏剧实际上是弗朗西斯·培根写的）。他还创作了一段师生对话，在对话中，老师提出亚利马太的约瑟是耶稣的父亲。[①]

康托尔不断与抑郁症抗争，在疗养院进进出出，度过了生命中最后一段时光。他的晚年相当悲惨，伴随着贫穷、疾病和精神抑郁，但所幸他活得足够长，能够看到自己的数学成果得到平反。大卫·希尔伯特和伯特兰·罗素这样的数学家对他关于集合论和无限的研究成果给予了最高的评价。希尔伯特认为这些研究“是数学天才最优秀的作品，也是人类纯粹智力成果中的最高成就之一”。

对另一位数学天才的工作也可以做出同样高的评价，从某些方面来说，他可能是数学家中最古怪的一个，那就是奥地利裔美国逻辑学家库尔特·哥德尔。他 1931 年发表的几个数学定理深深震撼了数学界。他指出，在任何庞大而丰富到足以在实践中应用的数学体系中，都必然存在一些既不能证实也不能证伪的问题。例如，在基于策梅洛 – 弗伦克尔集合论公理建立起来的数学家们大力探索的理论宇宙中，总是存在一些无法用任何规则或程序解开的问题。

① 据《马太福音》27：57 和《马可福音》15：43，亚利马太的约瑟是耶稣的门徒，也是给耶稣收尸的人。

哥德尔总是与众不同。年轻时，他被称为“为什么先生”，因为他拥有无穷的好奇心。他的身体不太健康，童年患过一次风湿热，他确信自己的心脏受到了永久损伤，之后身体状况就更糟糕了。哥德尔 30 岁时，一名同情纳粹的学生谋杀了莫里茨 · 石里克，哥德尔所属的维也纳哲学家圈的创始人、逻辑学家。这件事使得哥德尔精神紊乱，以至于在疗养院待了几个月。此后他越来越偏执，一直担心有人要毒死自己。

1940 年，他和妻子阿黛尔离开维也纳前往普林斯顿，以免被征召入伍。在高等研究院，他与爱因斯坦建立了友谊。两人惺惺相惜，以至于爱因斯坦在临终时说，他“自己的工作不再有什么意义，我来研究院只是……为了有幸和哥德尔一起散步回家”。和之前的康托尔一样，随着年龄的增长，哥德尔把越来越多的时间用于哲学思考，以至于用模态逻辑的神秘符号来正式论证上帝的存在。

哥德尔害怕被下毒，所以总是吃得很少，而且只吃妻子准备的食物。阿黛尔 1977 年下半年住院六个月，骨瘦如柴的哥德尔一直在挨饿。1978 年 1 月 14 日，他最终死于营养不良，体重只有 65 磅。

有史以来最奇怪的数学家之一，不是一个人，而是一群人。尼古拉 · 布尔巴基——这个名字的一部分来自拿破仑军队中的夏尔 · 布尔巴基将军——是在 20 世纪 30 年代由法国最聪明的一群数学家在斯特拉斯堡创立的一个俱乐部。第一次世界大战后，许多青年才俊被战争摧残，这个俱乐部举行秘密会议，旨在更新大学课程和教材。这个想法由斯特拉斯堡大学的两位讲师安德烈·魏尔和昂立·嘉当于1934年发起。他们最初的目标是撰写一部分析学的课本，代替现在一直使用但已经过时的教科书。很快，约有十位数学家参与这个项目并定期开会，他们一开始就决定他们的学术成果是共享的，不会突出任何个人的贡献，并选择尼古拉·布尔巴基作为这个群体的笔名。

多年来，布尔巴基的成员不断变化：一些原始成员退出，另一些人加入，之后就有了定期的加入和退出流程（到五十岁必须退出）。他们存在一些规则和程序，外人看来可能有些古怪甚至离奇。例如，在审查和修改小组编写的各种书籍的草稿的会议上，任何人在任何时候都可以大声表达自己的意见。因此，经常出现几位杰出数学家同时站起来高声发言的情况。不知何故，这种混乱中倒出现了一些极端严谨甚至有些迂腐和枯燥的成果。布尔巴基不讨论几何学和可视化技术，认为数学应该与科学保持距离。尽管布尔巴基的日常活动看起来十分枯燥冗长，但它的确实现了自己的目标——将现代数学中已经被充分认可的理论书面确定下来。

这位从未存在的伟大数学家于1968年被宣布死亡，但在此之前，“他”还向美国数学学会两次递交了入会申请。当时该协会的秘书约翰·克莱恩对此不以为然：

> 真的，现在这帮法国人已经“走火入魔”了。他们给我们发来十几个独立的证据，说尼古拉·布尔巴基就是一个活生生的人——他写论文，发电报，有自己的生日，会感冒，给别人发祝福。而现在他们想让我们也加入他们的幻想之中。

幽默、悲剧、过失和耀眼的才华交织在一起，伴随了数学这门最奇妙的学科的发展。数学确实很奇怪，但它的故事因数学领域中众多鲜活的数学家的呈现而更加引人入胜。

第九章　探索量子的国度

我可以很肯定地说，没有人真正懂量子力学。

——理查德·费曼

在探索量子力学——极小粒子的物理学时，我们的常识派不上用场。量子力学对我们的直觉认知是一种颠覆，然而数学却能完美准确地描述它。有趣的是，有些数学知识很早以前就已经创造出来，那时甚至不知道这些知识是否有实际用途。这似乎佐证了匈牙利裔美国理论物理学家尤金·维格纳提出的“数学在自然科学研究中具有不合理的有效性”这一观点。但反过来，这也是一个激发数学突破的领域，有人认为最终可能会形成一个全新的数学分支——量子数学。

在19世纪末，几乎没有迹象表明物理学将发生彻底变革。恰恰相反，大部分科学家认为，除了个别物理学问题还有待探索，我们已经发展出了解释宇宙运作所需的全部理论。牛顿运动定律和麦克斯韦电磁学方程被认为是描述物质和能量运动方式的最终真理。对于维多利亚时代晚期那些热爱机器和技术创新的人来说，大自然就像一个巨大的钟表装置，以可预见的方式嘀嗒作响。他们相信，如果我们花足够时间仔细观察，就能弄清楚自然界的每一个细节问题。

1900 年，当理论家们试图弄清楚物体变热所发出的辐射量时，经典物理学的堡垒出现了第一道裂缝。事实上，我们可以非常准确地说出危机发生的时间：大约是在 10 月 7 日下午茶时间。42 岁的物理学家马克斯·普朗克在柏林家中突然灵感迸发，想出了一个与实验结果精确匹配的黑体辐射公式。

黑体能吸收落在它身上的所有辐射，不管是可见光、红外线、紫外线还是任何其他形式的电磁辐射，它都能吸收，然后将这些能量重新辐射到周围环境中。自然界中不存在一个完美的黑体，但在实验室里可以安装一个表现与黑体非常相似的仪器，它由一个热空腔和一个小开口组成。用这种仪器进行的实验得出的结论是，黑体发出的辐射量在低频（长波）时缓慢上升，然后陡然上升到峰值，之后缓缓下降到高频（短波）。当黑体温度上升时，峰值稳定地向更高频率移动。例如，一个温暖的黑体可能在（看不见的）红外线中发出“最亮”的光，但在频谱的可见光部分几乎是完全黑暗的；而一个温度达几千度的黑体会在我们能看到的频谱段辐射大部分能量。科学家们通过模拟

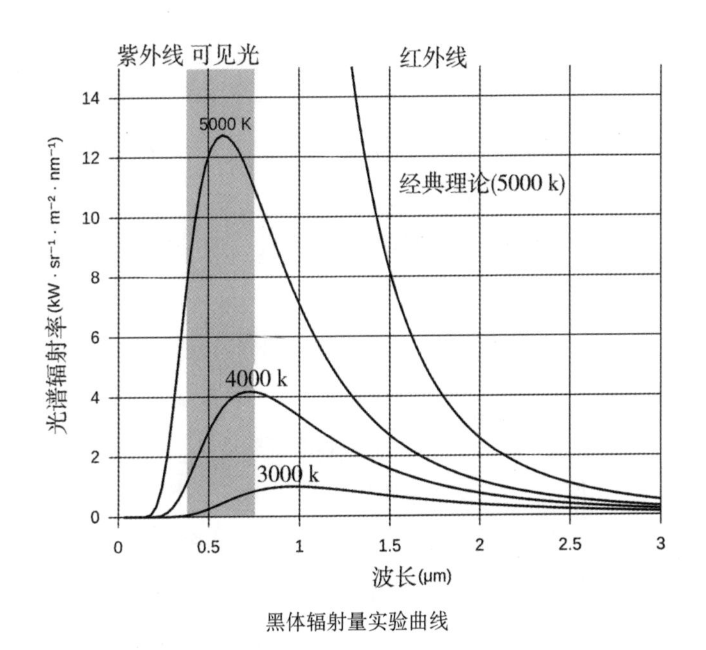

黑体辐射量实验曲线

实验数据确认了这就是近乎完美的黑体的行为方式。问题的关键是，要在已知的物理学框架中找出一个能在整个频率范围内匹配这些实验曲线的公式。

1896 年，柏林帝国物理技术研究所（PTR）的威廉·维恩在这个问题上有了一些发现。他设计出一个与收集到的实验数据非常吻合的公式，唯一的问题是“维恩定律”没有坚实的物理学理论基础：它只是为了迎合实验结果而被做出来的。马克斯·普朗克试图从一个基本的物理定律——热力学第二定律（与系统的熵或无序度有关）——推导出这个定律。1899 年，普朗克自认为成功了。假设黑体辐射是由黑体表面的许多像微型天线一样的小振子产生的，他发现了这些振子熵的数学表达式，而维恩定律遵循这个表达式。

但随后，摧毁古典物理学高楼的毁灭性灾难来临了——维恩在柏林帝国物理技术研究所的几个同事奥托·卢默、恩斯特·普林斯海姆、费迪南德·库尔鲍姆和海因里希·鲁本斯做了一系列精密的测试，最终打破了这个公式。到了 1900 年秋天，可以确认在较低的频率（比热波更长的远红外线）及更高频率下，维恩定律不适用。在那个载入史册的 10 月 7 日下午，鲁本斯和妻子到普朗克家中做客，自然而然地谈论到实验室的最新进展。鲁本斯将维恩定律被打破的坏消息告诉了普朗克。

客人离开后，普朗克开始思考问题可能出在哪里。他知道频谱高频端的黑体公式在数学上应该是怎样的表现形式，因为维恩定律似乎在这个频率区域十分有效。他也知道新的实验结果中黑体在低频区的表现，便以能想到的最简单的方式将这两种关系放在一起。这只是一种猜测，普朗克称之为“幸运的直觉”，但结果证明它是绝对正确的。在下午茶和晚饭的空当，普朗克就拟出了黑体辐射能量与频率的关系公式。他当晚写明信片告诉鲁本斯这个结果，并在 10 月 19 日德国物理学会的一次会议上向全世界宣布。

这个结果立即被誉为一个重大突破。但普朗克生性严谨，并不满足于仅仅得出一个正确的公式，他知道这只是一个基于灵感的猜测。对他来说，更重要的是从头开始系统地从逻辑上推导出这个公式，像对待维恩定律一样。于是，正如普朗克回忆的那样："接下来几周的工作是我人生中最艰苦的。"

为了实现目标，普朗克必须能够计算出给定的能量在一组黑体振子中传播的方式；正是在这个关头，他展现了伟大的洞察力。他引入了他称之为"能量元素"的概念——为了使公式有效，必须将黑体的总能量分成若干个能量的小片段。到 1900 年底，普朗克已经从零开始建立了他的新辐射定律。他提出了一个非同寻常的假设，即能量不是连续传递的，而是以微小的、不可分割的团块形式传递的。在 12 月 14 日提交给德国物理学会的论文中，他谈到能量"由完全确定数量的有限部分组成"，并引入一个新的自然常数 h，数值非常小，约为 6.7×10^{-27} 尔格秒[①]。这个常数现在被称为普朗克常数，它能把一个特定能量元素的大小和与该元素相关振子的频率联系起来。

没有人意识到，物理学已悄然发生了巨变。第一次有人指出能量不是连续的。此前，所有科学家都天真地以为能量能以任意小的数量进行交换，能量是不可分割的。普朗克已经证明，能量和物质一样不能无限地被分割，总是以极小的包裹或量子的单位进行交换。因此普朗克这个特立独行或打破陈规的人，

① 尔格，是 1 达因的力使物体在力的方向上移动 1 厘米所作的功，其中 1 达因是让质量 1 克的物体产出 1 厘米 / 秒 ^{2} 的加速度的力。

开始转变了我们对自然的看法。

你也许以为这样的发现会立即引发物理学界的轰动，但事实并非如此。在 1900 年，有些物理学家甚至还没有接受原子的存在！对于大多数物理学家来说，仍然有许多问题没有答案，比如电子在原子内部是如何分布的，以及化学元素有着怎样不同的光谱起源。尽管普朗克的发现没有在一夜之间引发一场革命，但它确实吸引了越来越多人追随后来被称为“旧量子论”的观点。在这一理论中，只有特定的能量值（和其他一些物理量）被允许存在。这一事实是建立在经典物理学的基础上。

1911 年，新西兰物理学家欧内斯特·卢瑟福对原子的结构有了惊人的发现。几年前，卢瑟福在曼彻斯特大学的两个同事汉斯·盖革和欧内斯特·马斯登把 α 粒子发射到一个薄薄的金箔上，他们惊讶地发现，一些 α 粒子几乎是原路反弹回来。卢瑟福说，就好像你向一张纸巾发射了一枚 15 英寸的炮弹，它弹回来打中了你。他的结论是：原子几乎所有的质量都集中在一个微小的原子核中，其大小相当于足球体育馆中央的一块大理石地板。他认为，比原子核轻很多的电子位于原子核外。令所有人惊讶的是，构成行星、人类、钢琴和其他一切事物的原子，几乎完全是由真空组成的。

卢瑟福把原子描绘成一个微型太阳系，原子核好比太阳，电子像行星一样围绕着它运转。但这种模型显然有问题。在经典物理学中，加速使得电荷充满辐射能量。任何沿着弯曲路径运动的物体都会加速，因为物体在不停改变方向。如果带负电荷的电子绕着原子核旋转，为什么它们不迅速放射出能量并螺旋状地进入原子核呢？如果卢瑟福的模型是正确的，并且电子遵循经典电磁学中的规律，那么宇宙中的所有原子都应该瞬间崩塌。既然我们还好好地存在，那说明还缺少一些东西。

1913 年，同样在曼彻斯特卢瑟福实验室工作的丹麦物理学家尼尔斯 · 玻尔将普朗克关于能量量子化的思想引入原子的图像中。他认为，在任何给定类型的原子中，电子只能存在于某些定义明确的能级中。如果一个电子处于其中一种状态，它就不会辐射能量。只有在从一个能级移动到另一个能级时，它才会通过发射或吸收光子（一种光粒子）来获得或损失特定数量的能量。玻尔能够证明，氢原子允许能级间跃迁产生的光子发射或吸收，产生了氢光谱中观察到的特征线。玻尔的氢原子理论标志着旧量子论的终结，也标志着现在所谓量子力学的开始。

第一次世界大战拖延了量子物理学的研究进度，数百万有天赋的年轻数学家和物理学家在战争中丧生。但在战后，人们迅速取得突破性进展，尤其是在玻尔的哥本哈根理论物理研究所和德国北部的哥廷根大学。到 1923 年初，物理学家们已经积累了大量关于氦原子光谱和磁场中谱线分裂等无法解释的现象的新数据。哥廷根大学在这方面的主要研究学者是经验丰富的物理学教授马克斯 · 玻恩和年轻的维尔纳 · 海森堡。用玻恩的话说：他们二人参与了“尝试从实验结果中总结提炼出未知的原子力学的知识”。玻恩和海森堡共同研究一个全新的解释物理量（如能量、位置和速度等）的方法。1925 年春天，海森堡在北海的黑尔戈兰岛上养病的时候突然顿悟，将两人想法结合在一起。后来他写道：

> 我对于我的计算所指向的量子力学在数学上的一致性和连贯性不再有所怀疑。起初，我深感震惊，我有一种感觉，我正透过原子现象的表面窥探到其奇妙多姿的内在原理。一想到我现在必须深入探索自然界如此慷慨地向我展示的丰富的数学结构，我就几乎头晕目眩。

那个夏天结束时，海森堡、玻恩和帕斯夸尔·约尔丹（海德堡在哥廷根的同时代人）已经发展了一套完整一致的量子力学理论。该理论也被称为矩阵力学，它与数学相关性很强，因此很少有物理学家能真正理解。海森堡大学时的朋友沃尔夫冈·泡利曾批评说，这是“哥廷根大学正规教育泛滥的恶果”，但量子力学随即被证实是正确的。

与哥廷根大学和哥本哈根理论物理研究所同步取得成果的是法国物理学家路易·德布罗意，他在 1922 年发表了一篇论文，认为光可以表现为波或粒子流的形式，但不能同时表现为这两种形式。他认为，如果光（通常是一种波动）可以以粒子的形式出现，那么电子这样的小粒子也可能具有与之相关的波的特征。而奥地利物理学家埃尔温·薛定谔将这种“波粒二象性”的概念发展为被称作波动力学的严密理论。在普朗克用量子假说为物理学开辟新道路的二十五年之后，量子力学出现了两个看似对立的版本，物理家们就哪个理论正确激烈争论了一段时间。薛定谔说，他对矩阵力学“尽管算不上排斥，但是感到失望”。与此同时，海森堡在给泡利的信中写道：“对于薛定谔的理论的物理部分，我越琢磨越觉得可憎。特别是薛定谔关于‘可视化’的论述几乎没有任何意义。”但争论很快得以平息。1926 年，薛定谔本人和美国物理学家卡尔·埃卡分别证明了量子力学的两个公式——波和矩阵——的性质完全等价，尽管它们在形式上有很大区别。从那时起，探索亚原子世界的数学有了其他发展，这要归功于保罗·狄拉克（他将狭义相对论与量子力学结合起来，并预言了反物质的存在）和理查德·费曼（因对粒子行为的“历史求和”解释而闻名）。

海森堡提出的一个至关重要的原理是不确定性原理，它比任何东西更能揭示量子领域是多么奇特反常。它表明某些与粒子相关的一对物理量（如位置与动量，时间和能量）被同时测量时，能达到的精度是有限的。对于每一对量，不确定性的乘积必须大于 $h/2\pi$，其中 h 是普朗克常数。这个定理具有深远的启发意义：我们对粒子状态能知晓到什么程度，是被大自然严格限制的。例如，我们选择对电子的位置测量得越精确，其动量的不确定性就越大，这与我们仪器或技术的精密度无关。不确定性原理产生于我们周围所有事物固有的模糊性，包括构成我们自身的物质。宏观来看，事物看似清晰明了，但在更微观的层面，物质具有的诸多属性消失了，留给我们的只是数学对事件的概率描述。

没有什么地方能比量子领域更清晰地展现出物理现实和数学体系之间的紧密联系。在最微观的状态下，物质似乎失去了实质；电子般的粒子会转化为波，甚至不是物理学上的波，而是概率波。那么这个问题变得有意义了：在我们观察这些微观物质之前，它们在物理世界中多大程度上是“存在”的呢？它们是否像圆周率一样，只存在于抽象的柏拉图式的状态之中，直到人类的测量或一闪念有意识的干预让它们被公开？在我们永远无法直接体验的微观世界里，数学是我们唯一的向导。此外，数学是精确的，计算物质运动和能量的方程式非常具体，然而物质性质和能量本身是不稳定且难以捉摸的。

古往今来的数学家和科学家都评论过数学在描述自然世界方面的有效性，以及物理现象背后数学方程式的优美。尤其是量子力学的数学，它能够对某些事情发生的概率进行准确程度超高的预测。这些公式得出的数字是所有科学中最精确的预测和验证之一，有些能精确到小数点后十二位，相当于用一根头发丝的宽度来测量地球与月球的距离。当我们观察世界的尺度越来越小时，数学和物质的角色似乎发生了对调。在日常世界里，我们能看到和感觉到具体的东西，我们意识到有形的事物，并且能以任意精度测量它们的物理状态和状况。可以肯定的是，数学就在背后，无时不在，但它构成了一种无形的基础结构，引导着行星的运转、鸟类飞行和石头落下。然而，随着物质在原子和亚原子级别宇宙中的颗粒化逐渐明显，数学和物质的“角色”发生转变。粒子溶化成纯粹的概率波，唯一剩下的确定性就是以精确细节协调这个领域发生的各种奇异事件的数学方程，而在这个微观领域中，我们很多常识和真实都会被打上问号。

量子领域有着如此不同的规则和运作方式，数学家们从中看到令人兴奋的机遇。量子力学为新数学的发展提供了丰富的背景。一旦人们完全掌握了量子力学奇妙而独特的逻辑结构，它会成为数学一个全新分支学科的基础吗？普林斯顿高等研究院院长、荷兰数学物理学家罗伯特·迪格拉夫认为，“量子数学”可能是量子力学最神奇的产物之一。与经典物理学中运动物体遵循确定的路径不同，在量子力学中，一个粒子从一个点移动到另一个点就像同时探索所有可经过的路径。数学对于这个奇怪现象给出了方法——分配粒子经过每一条可能路径的概率，然后将所有选项合在一起，得到一个概率分布。其中可能性最大的路径（不一定是粒子实际经过的那条）就是牛顿经典物理学给出的答案。迪格拉夫指出，“历史求和”方法与现代数学的一个分支范畴论有很多共同之处。在数学中，范畴是由共同的代数性质联系起来的对象的集合。它们包括集合、环和一些不那么有名的元素集聚形式，它们的关系都可以用箭头表示。范畴论和量子力学的历史求和模型的共同点是有概括性和整体性，并不着眼于某个个体（元素或粒子），而是所有的可能性。

不是数学为物理学而是物理学为数学提供信息和思路，一个显著的例子就是卡拉比—丘空间中的几何深奥主题。当然，你无法想象出卡拉比—丘空间：因为它们存在于六维空间中，是爱因斯坦广义相对论（我们目前最好的引力理论）方程的解。它们也是弦理论的核心，弦理论试图解释粒子物理学中一些未解的关键问题。但只有当我们允许周围的空间维度高于熟悉的三维空间时，弦理论才能发挥作用。弦理论要求卷曲多维空间，而卡拉比—丘空间能提供便捷的卷曲方法，可以把这些空间缩小到我们无法探测的程度。

简单地说，数学家可以根据卡拉比—丘空间周围可以缠绕多少条曲线来对它们进行分类，就像在圆柱体上缠绕许多弹性带一样。但是要建立计算曲线数量的模型非常困难。在最简单的卡拉比—丘空间（五次空间）中，在空间上可以容纳的一次曲线（线）数为 2875 条。德国数学家赫曼·舒伯特在 19 世纪 70 年代就有了这个发现，但直到大约一个世纪之后，二次曲线的相应数量才得以确定——609 250 条。随后，一群弦理论学家向其他数学家发起挑战，要求他们找出三次曲线的数量。与此同时，物理学家也提出了自己的解决方案——他们运用“历史求和”技术，而不是纯几何方法，不仅能计算三次曲线的数量，还能计算任何次数曲线的数量。正如迪格拉夫所说：“一根弦可以同时探索所有类型曲线的所有可能性，因此它是一个超高效的‘量子计算器’。”由英国物理学家和数学家菲利浦·坎德拉斯领导的弦理论家团队得出三次曲线的数目是 317 206 375 条。几何学家通过运行复杂的计算机程序得出了截然不同的答案。弦理论家对他们推导的一般公式非常有自信，因此他们怀疑数学家的程序有误。果然，几何学家检查后发现，他们的确弄错了。

物理学家告诉数学家他们的算术是错误的，这在科学界几乎闻所未闻。一般情况下都是数学为物理学提供信息的。这个惊人的转变揭示了弦理论（量子力学的一个新分支）这一物理学新领域的潜力，它不仅能探索以前未知的科学，还能探索未知的数学领域。

另一个神奇的发展是，量子力学中最基本的公式——薛定谔方程——在博弈论中非常有用。博弈论是数学的一个分支，主要目的是研究玩家如何选择策略来实现一个目标，比如提高他们的生存机会，获得更高的利润，或者在实际比赛中获胜。当涉及大量玩家时，研究人员通常用所谓的平均场法来模拟情景。这种方法实际上将所有玩家作为一个群体，并对他们的组合行为进行平均计算以达到最优。最近博弈论研究者们发现，他们可以用一个世纪以来量子物理学家使用的薛定谔方程的方法一样来使用平均场法。

巴黎萨克雷大学的伊戈尔·斯维齐茨基和同事们以群中的鱼的行为为例，研究某一类的平均场博弈。在成百上千的鱼群里，不可能准确把握每只鱼是如何行动的。解决这个问题的一种方法是根据鱼群中不同区域鱼类的平均密度进行数值模拟。但是这种方法没有考虑到驱动这种行为的潜在机制。一个更有见地的方法是假设每条鱼都会以所谓的“成本函数”最小化的方式游动。例如，这个函数考虑了鱼必须耗费的能量，以及鱼在群体中游动以迷惑捕食者而获得的生存优势。最后，推导出的平均场博弈方程与薛定谔方程看起来非常相似，而求解后得到的结果与数值模拟的结果相吻合。

量子物理学在未来可能会给其他数学领域带来启示，但它也受到支配整个数学的相同原理的限制。20 世纪 30 年代，奥地利出生的逻辑学家库尔特·哥德尔对不完全性定理的发现震撼了数学界。这些表明，在任何数学体系中，总会存在无法被证明的真命题。然而直到 2015 年，物理学家们才找到不完全性定理在科学中发挥作用的例子。

一个国际研究小组正在研究半导体材料冷却后是否会变成超导材料，以及变化的临界点在哪里。关键因素是光谱间隙——物质中的电子从低能级状态转移到高能级状态所需的能量。如果这个间隙闭合，材料就会突然转变成完全不同的状态，成为超导材料。但是，当研究人员以复杂的数学计算来表示这个问题，包括用量子力学对材料的特性进行完整描述时，他们对自己的发现感到震惊。确定光谱间隙是否存在竟然是一个无法判定的问题。这个结论有着很大的影响力，因为它表明即使我们对材料的微观特性完全了解，也不足以预测更大尺度上的行为。

这一发现甚至可能限制粒子物理学的发展。杨—米尔斯质量间隙猜想是数学和物理学中最重要的未解问题之一，这个涉及到标准模型中描述物质的基本粒子是否有光谱间隙。研究者们使用巨型加速器和超级计算机进行的实验表明，光谱间隙确实存在。克莱数学研究所将“质量间隙猜想”列为七个价值 100 万美元的千禧年奖之一，以奖励第一个能基于标准模型方程给出质量间隙猜想证明的人。光谱间隙问题的不可判定性是否会妨碍具体案例的解决还有待观察，但好的事情是，不可判定性产生的原因之一是量子水平上物质运动表现出来的怪异模型。这种运动虽然无法被分析，却暗示着一些奇异而迷人的物理现象可能即将被发现。例如在某些情况下，单个粒子的加入可能会改变整个物质团的性质，从而对技术产生潜在的爆炸性影响。

第十章　淘气的泡泡

我很好奇，如果世界上只有一个肥皂泡，那么它值多少钱？

——马克·吐温

自 1825 年以来（1939—1942 年战争期间除外），伦敦皇家学院每年都会为孩子们举办一系列科学趣味的圣诞讲座。1890 年，物理学家查尔斯·博伊斯发表了以肥皂泡为主题的演讲。他在开场白中说："希望大家都没有对肥皂泡感到腻烦。在这周，我希望带大家领略一个普通的肥皂泡中藏着的秘密，这些秘密比那些玩过泡泡的人通常想象的还要多。"

泡泡是孩子的游戏，但我们从不会厌倦它们。泡泡随意飘动，随着气流上升，然后慢慢落下，最终破裂，这一切让人赏心悦目。泡泡不断变化的彩虹色彩使得它们更加美丽，它们粘在一起的形状也很迷人。从很小的时候起，我们对于单个泡泡或一堆泡泡的样子都非常熟悉。作者戴维四岁的孙子都能够轻易辨认出两个泡泡相遇时连在一起的形状。这听起来并不难，但这种两个泡泡相连的形状问题，曾困扰了数学家很久，尽管我们见过太多次了。这就产生了最终在2002年才得到证明的“双泡泡猜想”，而关于泡泡肥皂膜的一些问题至今还没有解开。

普通的泡泡只不过是一层包裹着空气的肥皂膜。两层肥皂分子形成膜的内外表面，并由薄薄一层水隔开。泡泡在破裂前是密封的，空气无法进入或离开。即便泡泡没有被故意吹破或者碰到什么东西破坏了薄膜，当肥皂分子层之间的水蒸发时，它也会主动破裂。在寒冷的冬天吹出来的泡泡保持的时间更长，因为水的蒸发速度较慢，泡泡甚至可能会被冻结。

理解泡泡形状的关键是表面张力——作用在其表面的力，就像弹性皮肤一样。表面张力是由于液体分子间的内聚力（吸引力）而产生的。在液体内部，一个分子被它周围的分子从四面八方均匀地拉着，所以没有总的受力。但在表面，分子只会被拉向侧面和下方，这会使液体表面看起来像有一层皮肤。实际上更准确的说法是，表面张力使得物体穿过液体的移动比完全浸没时移动更加困难，但在大多数情况下，它的作用足以令人想象有一层真正的“皮肤”。

人们常常误以为用水吹不出泡泡是因为水的表面张力不够大，而肥皂会增加这种张力。事实上，恰恰相反，水中加入肥皂会降低表面张力。单用水形成的泡泡几乎在形成的一瞬就破裂了，原因有两个：第一是表面张力太大，水泡容易被撕裂；第二是水泡表面水蒸气不断蒸发，使得泡泡膜变薄后破裂。肥皂分子有助于泡泡的形成，因为肥皂分子都由碳原子和氢原子组成的长的疏水尾部与氧原子和钠原子组成的亲水头部构成。在肥皂和水的溶液中，肥皂分子的疏水尾部尽可能远离水，最终到达泡泡的内表面或外表面。同时，亲水头部伸入夹在两层肥皂分子之间的水中，增加水分子之间的间隔，从而降低了它们之间的吸引力。结果是肥皂使得泡泡表面张力降低。更重要的是，水受到肥皂膜的部分保护，从而蒸发得更慢。

在空气中泡泡通常可以维持 10 到 20 秒才破裂，但如果放在充满水蒸气的密封容器中，大大降低蒸发速度，它们就能够存在更长时间。印第安纳州亨廷顿市的埃菲尔·普拉斯特尔在 20 世纪 20 年代担任物理老师时就对泡泡着迷，后来以制作泡泡的表演和演示而闻名。他在黄金时段的电视节目中表演，包括在《大卫深夜脱口秀》中制造出一个完整的肥皂泡将主持人包裹其中。他还将吹出来的泡泡存放在密封罐中，造出创世界纪录的“最长寿”的泡泡——差 24 天就整一年！

“泡泡学”吸引了相当多的爱好者与大师级的倡导者，他们不断创作，争相超越。捷克共和国的马捷·科德什目前保持了一项纪录：在一个泡泡中容纳的最多人数——达到惊人的 275 人。2010 年，他还成功将一辆六米长的卡车围在一个泡泡里。加拿大人杨帆以吹出最多层泡泡而出名——泡泡像俄罗斯套娃那样一个套一个，总共十二层。英国达人泡泡山姆（又称萨姆·希思）保持着三项纪录：最多反弹次数泡泡（38 次）、最长连环连锁泡泡链（26 个[①]）和最大冷冻肥皂泡（体积达 4315 立方厘米）。美国人加里·珀尔曼在 2015 年制造出了有史以来最大的自由漂浮肥皂泡，体积约为 96.2 立方米！

当然，巨大的泡泡就像紧张的服务员托盘上的果冻，不断摇摇晃晃。小的泡泡则能保持形状不变，即众所周知的球体。球体是以较小表面积包围给定体积的最佳形状。一个体积为 10 立方厘米的球体，其表面积为 48.4 平方厘米。同样体积为 10 立方厘米，这五种柏拉图多面体，即正四面体（四面）、立方体（六面）、正八面体（八面）、正十二面体（十二面）和正二十面体（二十面），其表面积分别为 71.1、60.0、57.2、53.2 和 51.5 平方厘米，形状越接近球体，表面积越小。像自然界中所有事物一样，泡泡的形成总会趋向于尽可能低的能量配置，这样就能将肥皂膜中的张力降到最低，反过来这也意味着能将一定体积泡泡所需要的表面积降到最低。泡泡为什么是球体，从逻辑和物理学的角度来解释比较容易，但要从数学上证明球体是一定体积的形状中表面积最小的一种，却出奇地难。事实上，直到 1884 年，才出现第一个完整的证明。

① 2022 年 4 月，法国人皮耶罗－伊夫·福瑟（Pierro-yves Foser）吹出 27 个泡泡链打破该纪录。

要弄清楚这个问题，从二维的等价问题开始讨论会容易一些：包围给定面积的最短周长的曲线是什么样的？传说中，在狄多女王询问柏柏尔国王雅尔巴斯这个问题之前，她已经推测了许多答案。她问国王，用一张牛皮最多能包围多少土地？雅尔巴斯乐于满足她的愿望，他自信不会舍不得一张动物皮覆盖的小片土地。但聪明的狄多女王把牛皮切成难以置信的细条，用细条围成一个巨大的圆圈，足以把未来的迦太基城围起来。很难想象她能选择比圆更好的图形来包围更多的土地。但直觉告诉我们，在给定周长的条件下，圆包围的面积最大，或者说在给定的面积条件下，圆是周长最小的形状。但要真正证明这一点，却是另一回事了。

瑞士几何学家雅各布·斯坦纳在这个问题上取得了一些进展。他发现了最大形状必然具有的各种性质。例如，它必须是凸的，因为如果它是凹的，就可能在一条直线上反射凹的部分，从而产生一个周长相同、面积更大的形状。通过大量的论证，他得出结论：最大的形状必须是一个圆。但他的结论有一个缺陷。虽然斯坦纳证明了如果周长最小的形状存在的话，它一定是一个圆，但他并没有证明这样的形状一开始就存在！要理解为什么会出现这种状况，你大概会说，例如你可以“证明”最大的正整数是1：假设最大正整数为n，如果n不等于1，即存在$n^2>n$，那么n不是最大的正整数。因此，n必须等于1。当然，这个推论的缺陷在于一开始就假设存在一个最大的正整数，然而实际上并不存在。

对于最大面积的曲线这个问题，斯坦纳是正确的：正如他所证明的，确实存在这样一条曲线，就是圆。但要证明这样的形状存在还需要数学家们前赴后继，提出许多不同的证明方法。1884 年，人们证明了球面是包围给定体积的最小表面积的曲面，1896 年德国数学家赫尔曼·布鲁恩和赫尔曼·闵可夫斯基进一步将这个结论推广到所有高维的球形。然而，这些仍然是特例，我们仍然不知道在条件更多、更复杂的情况下会发生什么。

在 19 世纪，比利时物理学家约瑟夫·普拉托提出了许多可以应用于泡泡形状的定律。第一条定律是肥皂膜是由光滑的表面构成的；第二条定律是平均曲率在每一片肥皂膜上是恒定的；第三条定律指出，当肥皂膜碰撞时，它们总是三个相连，并以 120° 的角度连接。这条定律适用于两个泡泡连接的情况，在这种情况下，有三个肥皂膜相连：两个泡泡各自的膜，还有一层隔开它们的膜。如果其中一个泡泡较大，为了满足第三条定律，它们的边界膜会朝着较大的泡泡向内弯曲。他的第四条定律是，当三个肥皂膜面以 120° 相交，这些面的边将以大约 109.5° 的角（四面体角）相交。之所以这么说，是因为，如果你画一条从四面体的顶点到中心的线，每条边之间的角度就是 109.5°。他还发现，其他形式的泡泡组合都是不稳定的，它们会很快地重组，满足这些规律。

普拉托还考虑了给肥皂的边界设置各种条件会发生什么。例如，如果一个泡泡落在桌子上，它就会形成一个半球体。在这种情况下，泡泡和桌子之间的角度不必是120°，因为桌子不是肥皂膜，因此封闭表面的总面积不需要最小化。如果你有一个四面体的金属线框，把它浸在肥皂液里，会产生六个肥皂膜，每边一个，都指向内部，在连接顶点和中心的四条线中以四面体的角度相遇。

普拉托的定律不是来自数学推导，而是源自长时间的观察——他当时开始失明，所以这些定律更令人印象深刻。他为何失明没有人知晓，但可能与他年轻时喜欢做有风险的光学实验有关。例如他曾经直视太阳二十五秒，想看看太阳会在视网膜上留下什么印像。

尽管普拉托有足够的自信，基于实验观察的数据结论来阐述他的定律，但他不知道如何证明它们。这比确定包裹给定体积的极小曲面的形状还要困难得多，因为这些定律涉及多个泡泡，而每个泡泡都有自己的体积。事实上，直到1976年，美国数学家琼·泰勒才最终证明了普拉托提出的对极小曲面总是适用的规则。她指出，满足体积约束的任何面积最小的曲面都符合普拉托定律。

关于极小曲面有一个重要的未解之谜：双泡泡猜想，而泰勒的证明将我们解决这个问题的进程推进了一大步。根据她的理论，包围和分隔两个不同体积且具有可能最小表面积的形状是标准双泡泡——三个泡泡的面沿一个圆以120°角相交。但她的证明并没有完全解决问题，仍然可能存在其他的形状配置，这些可能性必须全部被排除。其中一个这样的配置是一个泡泡呈花生状，另一个泡泡中间形成一个甜甜圈形状的圆环。如果它满足普拉托定律——确实如此——那么它仍然是一种可能性。然而在2002年，四位数学家（迈克尔·哈钦斯、弗兰克·摩根、曼纽埃尔·里托雷和安东尼奥·罗斯）终于终结了双泡泡猜想——证明我们小时候的直觉是正确的，两个泡泡形成的形状在数学上是最优的。

在优化问题中，二维空间中直线相交于120°角的点和三维模拟中四条直线相交于109.5°角的点非常常见。例如下面这个简单的问题：

> A、B、C是三角形三个角上的顶点。找到点P，使PA+PB+PC距离最小。

首先要注意的是，如果一个点在三角形内移动，它到各个角的距离将增加或减少。但总的来说，这些距离的差值不会抵消，而且总有一个特殊的点使得距离的相加值尽可能小。

如果ABC是等边三角形，那么这个点很明显就是三角形的中心。而对于所有边长都不同的三角形，答案就不那么明显了。首先，有不同的方法寻找三角形的中心点。例如你可以取三条中线（从一个角到对边中点的线），然后找到它们的相交点，这就是形心。顺便说一下，这也是三角形的重心：如果你用木头等材料制作一个有着均匀厚度和密度的三角形，在其形心下面

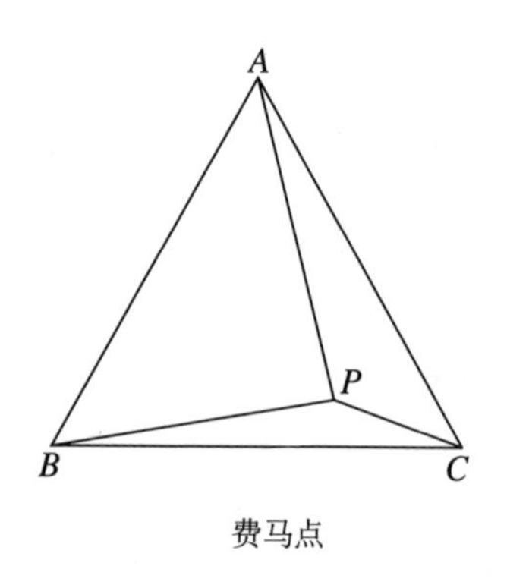

费马点

放一根针,那么这个三角形能在针上保持平衡。你也可以取到 A、B、C 的等距点，即所谓的外心（它也是 A、B、C 的外接圆的中心）；还有角平分线（经过角并将角等分的线）的交点，即内心；高线（穿过角并垂直于另一侧的线）的交点，即重心。这四个是目前为止最常见的三角形中心。

你可能认为点 P 肯定对应于其中一个，但事实并非如此。点 P 被叫作费马点，很少有人听说过它。费马点 P 即 PA、PB 和 PC 之间的夹角都是 120° 的点。构造它的一种方法是在每边上画一个等边三角形，然后从每个等边三角形的第三个角画一条线到原始三角形的相对角。这些线都在费马点相遇。有一种特殊的情况，如果原三角形中任何一个角度大于 120°，那么构造的这个点会位于三角形外,显然这不是最优点。在这种情况下,费马点就是大于 120° 的角上的顶点。

好消息是，我们可以通过实验来证实这一数学结论：使

PA+PB+PC之间距离最小的点P也是由相应的物理过程产生的。普拉托制作了金属框架，并将其浸泡在肥皂水中。在这种情况下，在二维空间中的模型是这样的：两块紧紧固定在一起但不接触的玻璃板（表示二维空间）和三根固定在玻璃板上的小金属棒（表示A、B和C）。把这个模型浸在肥皂水里然后取出，你会看到三条肥皂膜形成的“线”，它们的交叉点就是费马点。

普拉托还测试了立方体的金属线框浸泡在肥皂水中的情况。在这种情况下，肥皂膜似乎能在大立方体内部形成一个小立方体，通过其他肥皂膜与大立方体相连。然而，一个正立方体不满足普拉托定律，因此曲面是略微弯曲的。特别的是，小立方体会稍微向外凸出。这个小立方体的大小取决于肥皂膜形成时所吸收的空气量。

有趣的是，不论你想探究哪种形状的最小表面积问题——即使是那些很难预先计算的复杂表面——只需要准备合适的线框和良好的泡泡水（有许多配方可供选择，如水、洗涤液和一些强化剂，如甘油）。例如，两个圆形的环圈浸入肥皂溶液中拿出来，它们之间能生成一个有趣的表面。这个表面甚至不需要封闭，只需要肥皂膜将两个环作为边界即可。在做实验之前，你可能会猜想这圆柱形的形状能最大限度地减少环之间薄膜的表面积，但是实际形状的曲线是向内的曲线，中间变得最窄，然后再向外卷曲，被称为悬链面，是通过旋转悬链线（两端支撑一条轻弦的曲线）产生的表面。

普拉托定律不仅适用于两个泡泡，而且适用于泡泡堆积起来的整个泡沫。乍一看泡沫很随意，但实际上它非常受限。泡沫中的每个泡泡都必须遵循普拉托定律。如果没有泡泡破裂，所有的泡泡都必须含有一定体积的空气。泡沫和单个泡泡一样，形成方式是在固定体积的情况下使得其总表面积最小化。除了我们最容易想到的肥皂水，泡沫还会在许多地方自然出现。例如，人体骨骼主要由坚硬的外层（致密骨）、较柔软的内层（海绵骨）和骨髓组成。海绵骨具有泡沫状结构，不过这种结构是多孔的。（泡泡不是封闭的，而是开放的，其结构由泡沫边缘相对应的网格构成。）人们认为这种泡沫状结构确保了骨骼具有一定柔韧性，不那么易折。

泡沫也是 2008 年北京奥运会上启用的国家游泳中心的灵感来源。这座建筑昵称为“水立方”（不过它的形状是长方体，而不是立方体），图案类似于泡沫的一部分。这些图案一眼看上去很逼真，因为它具有我们期望的泡沫的那种凌乱，但如果真的了解泡沫，你会发现其中的差异。例如，上面有矩形或三角形的泡泡，这不符合泡泡之间的角度必须是 120° 的普拉托定律。相较于其他部分，这些泡泡有些格格不入。也许建筑设计师并不知道普拉托定律，或者他们知道，但是为了美学或实用的目的而在某些地方忽略了这些。

泡沫在二维空间中也有等价物。把一个平面划分成相等面积的区域、使得总周长最小，最佳方法是什么？（当然，总周长必然是无限的——为解决这个问题，我们可以取平面上一个大区域的总周长除以该区域的面积，得到“平均”周长。）答案同样一目了然——蜂巢图案，但这难以证明。蜂巢图案是使得每个重复部分面积相同，并且所需蜂蜡最少的最优形状，也许这就是蜜蜂使用它的原因。每个人凭直觉都能感受到的确如此，并且我们能轻而易举地证明它是最棒的规则密铺（只存在三种：三角形密铺、正方形密铺和六边形密铺），但无法证明它是一般的不规则密铺。我们不知道这个猜想是何时提出的。最早提及的材料是公元前 36 年的马库斯·特伦修斯·瓦罗，但据说在此之前就有人考虑过了。相比之下，这一猜想在 1999 年才由托马斯·黑尔斯证明出来，这使它成为数学中存在时间最久的未解难题之一。证明的困难主要来源于需要考虑每一种面积相同的规则密铺和不规则密铺的情况，甚至要考虑曲边密铺或面积相同的多种密铺。

蜂巢猜想的三维版本证明更加困难，至今人们还未解开。1887 年，开尔文勋爵（开尔文温标就是以他命名的）提出以下问题：将三维空间划分为等体积和最小表面积区域的最有效方法是什么？开尔文以为自己知道答案，但无法证明。他从截角八面体开始——把一个八面体的四个角切掉，得到一个有八个六角形面和六个正方形面的形状，可以密铺三维空间。开尔文认为，如果这个形状的面稍微弯曲以满足普拉托定律，就可以对其进行改进，但他猜想这种曲面的截角八面体密铺将会是所有密铺中最有效的。一个多世纪以来，没有人能改进开尔文的

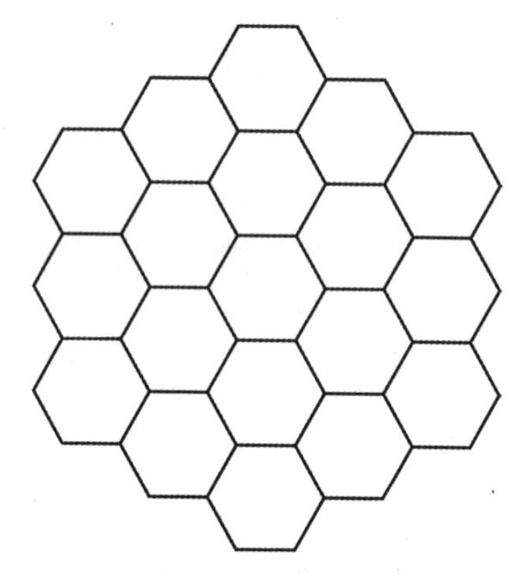

蜂巢猜想：二维图案

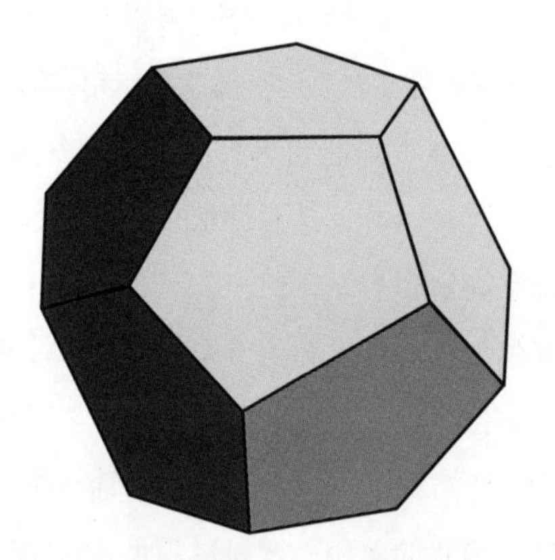

蜂巢猜想：五角十二面体

密铺猜想。1993 年，都柏林圣三一学院的物理学家丹尼斯·韦尔和学生罗伯特·费伦终于成功了。他们设计的韦尔—费伦结构更难描述：由两种类型的密铺组成，一种是截角六边形梯形四面体，另一种是五角十二面体，并且这些面也是弯曲的，可以满足普拉托定律。韦尔—费伦结构只是对开尔文结构稍加改进——比它的表面积减少了 0.3%——但是泡沫的形式看起来更自然了。事实上,它就是在研究计算机模拟泡沫形状时被发现的。我们目前仍无法确定韦尔—费伦结构就是立体空间中最优的密铺形式，或者某天是否会被一个更有效的结构取代。

在自然界中，泡泡和泡沫形成了科学家曾经制造或设想过的一些最大和最小的结构。在微观上是纳米泡沫，这是一种多孔材料，大多数孔隙直径小于 100 纳米（十亿分之一米）。其中最著名的例子是气凝胶，因为它非常轻，具有雾状外观，有时也被称为冻结烟雾。各种成分的纳米泡沫——碳、金属和玻璃——具有不同寻常的物理特性，未来可应用于制造超乎寻常的细线、高效催化剂和储能装置等。

另一方面，在极其宏观的尺度上是天文学中的泡泡。这些泡泡可能是由炙热的年轻恒星周围的星际介质形成的。更大的宇宙泡泡被称为超级泡泡，直径有数百光年，可能是由多个恒星爆炸或超新星爆炸形成的。事实上，我们身处的太阳系就位于这样一个超级泡泡的中心附近，它可能是过去大约 1000 万到 2000 万年前几颗超新星爆炸产生的结果。

第十一章　充满乐趣的数学

有时不那么严肃反而能产生出绝妙的点子。

——库尔特·冯内古特

如果孩子们在玩耍和娱乐时学得最好，那么每个学校都应该教授“休闲数学”这门学科。对于曾经整天在学校里背乘法表、解方程、寻找角的度数的人来说，“休闲数学”似乎是矛盾的组合。但是谁在休闲时刻玩数独、逻辑拼图或魔方，其实就是在享受数学的乐趣，尽管他们可能都没有意识到这一点。更重要的是，休闲数学——哪怕是规则简单的谜题和游戏——还能引领整个数学领域的突破。

纯娱乐的数学几乎与数学本身的历史一样悠久。从古希腊时代起，与数字、形状和逻辑有关的谜题就被设计出来作为娱乐消遣和智力挑战。已知最古老的经典谜题之一是阿基米德的密室问题，如何用十四块不同的三角形或四边形重新拼成一个正方形。这个问题有许多种的解法，直到 2003 年，一个计算机程序找出了所有解法。美国数学家比尔·卡特勒得出这个结论：除去相同片段的旋转、反射和置换，一共有 536 种不同的解法。密室问题是“解剖问题”的一个例子。这类拼图问题不需要任何专业的数学知识（尽管数学知识会有帮助！），因此任何人都可以解开。

另一个古老的解剖问题是七巧板，共有七块——五个大小不同的三角形、一个正方形和一个平行四边形——由同一个正方形分割而来。目标是构建某一个特定的图形，只需给出大致的轮廓，就可以拼出数千种。必须使用所有部件且不能有重叠。七巧板似乎起源于几百年前的中国，它在 19 世纪初通过贸易船只被带到欧洲，很快就成为一种流行的消遣方式。拿破仑、爱伦·坡和刘易斯·卡罗尔都很喜欢玩七巧板，其中卡罗尔在 19 世纪末用七巧板为爱丽丝系列书籍人物绘制插图，帮助英国人重燃对游戏的兴趣。

类似的一款拼图游戏 T 字谜出现在 20 世纪初，它只有四块拼图，却非常复杂。四块拼图要组成一个对称的大写字母 T，拼图的各个拼块可以旋转或翻转，但不能重叠。事实上，这些拼块可以组成两个不同的对称大写字母 T，以及另外两个对称形状，包括一个等腰梯形。

1936 年，丹麦数学家、发明家、诗人皮特·海因在听完维尔纳·海森堡的量子力学讲座后，发明了一种与七巧板相似的方体解剖拼图，不过是三维的。这位德国物理学家在描述一个能够被切成立方体的空间时，灵光乍现，他发现将所有七个不规则形状结合在一起能构成一个更大（3×3×3）的立方体，其中每个不规则形状都由不超过四个面面相连的单位立方体构成。

索马立方体每个拼块由三个或四个单位立方体的所有可能组合组成，每个单位立方体面面相连，这样至少形成一个内角。海因说：

> 这是自然界的美丽巧合：七种最简单的立方体不规则组合可以重组成一个立方体。整体中的各个部件拆分以后又能创造整体，这是世界上最小的哲学体系，这必然是拼图一个极具美感的地方。

就像许多新奇有趣的数学发现一样，海因的发现被收录在《科学美国人》马丁·加德纳的《数学游戏》专栏中，吸引了全世界的目光。三年后的1961年，英国数学家、当时同在剑桥大学读书的约翰·康威和迈克尔·盖伊找出了所有240种可能通过拼块组装3×3×3索马立方体的方法。康威后来又发明了一种更大的5×5×5立方体，共有十八个拼块，被称为康威拼图。而另一方面，海因发明的游戏取得了商业上的成功，先是一家丹麦公司制作了漂亮的红木版，由“帕克兄弟”公司在美国销售，

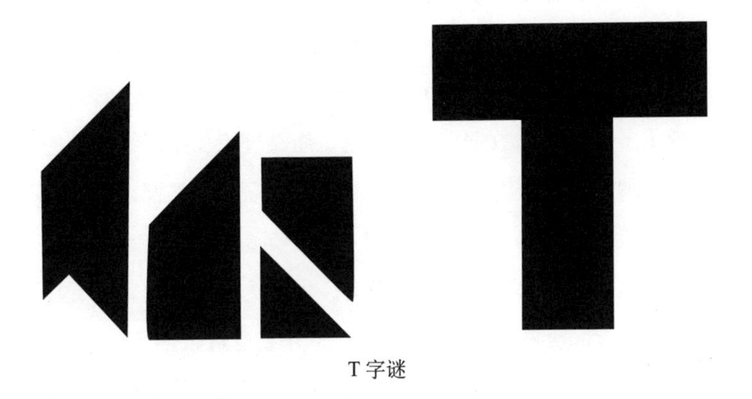

T 字谜

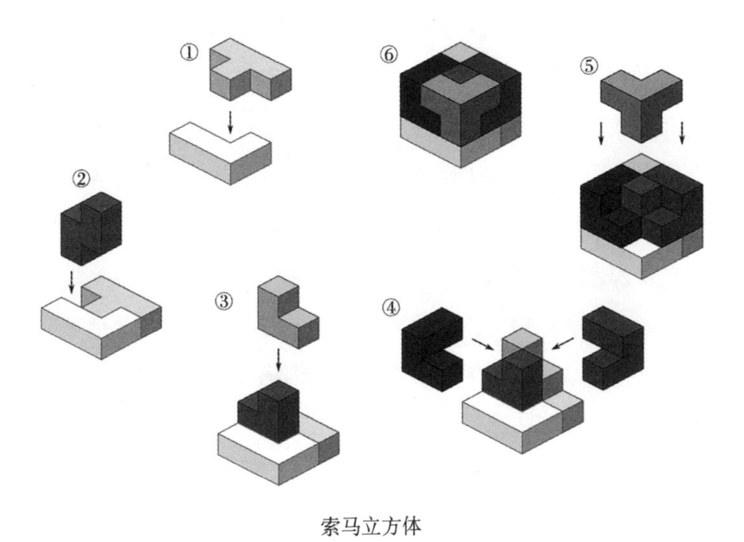

索马立方体

后来又推出了更便宜的塑料版。

海因、康威和加德纳是近代休闲数学最出名的几位拥护者，他们展示了数学的趣味性是如何与严肃的学术性完美结合的。康威是一位杰出的数学家，在数论、纽结理论、不同维度上的几何和群论等领域做出了重要贡献。海因研究超椭圆，同时是著名的发明家和诗人，还是充满创意的谜题设计师和解谜者。加德纳是现代最著名的数学普及者，他因为在数学中新奇有趣的发现而被广泛关注，在数学界和公众中备受尊敬。

正如我们所见，休闲数学有着悠久的历史。除了密室问题之外，阿基米德还提出了另一个牛群问题。同样，这个问题直到最近才被彻底解开。1880年人们找到了结果，但是它太巨大了，直到1965年才被精确计算并发表出来。和密室问题一样，解开牛群问题有赖于计算机的帮助。不过，密室问题和牛群问题在难度上差距甚远；对于密室问题，任何人都可以尝试摆弄拼图中的各个拼块，以特定的方式把它们拼在一起，但是牛群问题足以让大多数人望而却步。两千多年前，阿基米德向以埃拉托色尼为首的亚历山大里亚的聪明数学家们提出了挑战。他一开始就说："朋友啊，你若有智慧，就仔细思考，然后计算出太阳神所有公牛的数目。"

稍加解释，问题大概是这样的：太阳神有一群牛，包括公牛和奶牛，其中一部分是白色的，一部分是黑色的，一部分是斑点的，还有一部分是棕色的。这些牛中，白色牛是黑色牛的一半加上黑色牛比棕色牛多的数目的三分之一；黑色牛是斑点牛的四分之一加上斑点牛比棕色牛多的数目的五分之一；斑点牛是六分之一加上白色牛比棕色牛多的数目的七分之一。在奶牛中，白色的数量是……

你可以感受到牛群问题是多么复杂，最后的问题是：牛群的组成是什么？阿基米德并没有刻意鼓励人们去破解，他评论道："破解这个问题的人对于数字有了一知半解，但尚不能被称为智者。"几千年后，德国数学家 A. 阿姆索尔证明了答案以 7766 开头，有 206 545 位数字，获得了一部分微弱的"荣誉"，但他只有对数表而没有高性能笔记本电脑，在得出这个结果后就放弃了。最后在 1965 年，加拿大滑铁卢大学的数学家们用一台 IBM 7040 计算机运行七个半小时最终得出了结果。不幸的是，四十二页计算结果的打印文件后来丢失了。直到 1981 年，本书作者戴维在克雷研究所的同事哈里 · 纳尔逊才在克雷一号超级计算机上重新进行计算，这次只花了十分钟。它被压缩在十二页的打印文件中，然后在《休闲数学杂志》的一页上刊登了出来。

最著名的两个数学谜题设计者是美国数学家萨姆 · 洛伊德和英国数学家亨利 · 迪德尼，他们都生活在 19 世纪下半叶到 20 世纪初。洛伊德在设计引人入胜和流行的谜题方面独具天赋，能与之媲美的唯有其自我推销和彻头彻尾的骗术。他最著名的作品包括"蛇环拼图"、"离开地球"，以及最著名的"十五拼图"

等。17 岁时，他已经被誉为国际象棋问题的主要研究者，后来又成了美国最强的棋手之一，世界排名第十五。在十几岁的时候，他还制作了看似简单的“骡子把戏”拼图。这个拼图将三块具有两头骡子和两个骑师的图案拼块分开，人们需要重新组装这些拼块，让骑师骑在骡子上。洛伊德把拼图以大约一万美元的价格卖给了表演家菲尼阿斯 · T. 巴纳姆（巴纳姆和贝利马戏团的名角）。这样的问题看起来很容易解决，人们总想去试一试，但是几个小时后，他们还是没有解出来。这就是洛伊德非常擅长设计的问题类型。但是他声称自己“发明”的一些谜题往往没有诚实地交代来源。

洛伊德说他于 19 世纪 70 年代就设计出这么一个谜题——“十五拼图”，令全世界为之着迷，就像一个世纪后出现的魔方那样。谜题是把十五块编号为 1 ～ 15 的方块从一个随机的位置开始，最终摆到按 1 ～ 15 顺序排列的样式。方块被排列在一个 4×4 的框架中，其中一个位置是空的，每次移动都只能把方块滑动到空位中。这个游戏似乎让所有人为之疯狂，他们在马车上、午休时甚至工作时都在玩这个游戏。这个游戏甚至火到了庄严肃穆的德国议会大厅。地理学家和数学家西格蒙 · 金特当时是议会的议员，他回忆道：“我仍然可以清楚地想起国会大厦里那些头发花白的长者在议会现场专注于手里一个小方盒子的样子。”一位法国当代作家写道：“在巴黎，随处可见人们在露天林荫道和公园里玩着拼图游戏，它迅速从首都扩散到各省，甚至每一间乡间小屋里都有这只‘蜘蛛’布下的网，它正等待着‘猎物们’在网中挣扎。”

洛伊德在《拼图百科全书》(1914 年出版) 中对此深信不疑："生活在‘拼图之地’多年的居民会记得，在 70 年代初我是如何让全世界对一个可以移动拼图的小盒神魂颠倒。”这后来被称为“14-15 拼图”。实际上，它真正的发明者是另一个美国人——纽约市卡纳斯托塔村的邮政局长诺伊斯·查普曼。不过，洛伊德设计了一个千元奖励，授予第一个正确解出改良版拼图游戏的人。改良版游戏中拼图块按数字顺序排列，但是 14 和 15 的位置对换。许多人试图获得奖金，但没有人能在严密的过程监督下重现自己的解法。原因很简单——同时这也是导致洛伊德无法为这个游戏获得美国专利的原因——根据专利规定，洛伊德必须提交一个游戏解题原型以便之后进行生产。洛伊德向一位专利官员展示这个游戏之后，被问及游戏有无解法，他回答:“没有，这在数学上不可能的。”于是这位官员说没有解题原型就无法授予洛伊德这项专利！

对十五拼图深入分析后发现，十五拼图有超过 200 亿个不同开始位置的排列方式，但只分为两类。一种情况下所有方块最终都可以按升序排列，而另一种是，无论怎么做，方块 14 和 15 的顺序总是错的。两种群组不可能排列组合起来，也不可能把一组的排列变成另一组的排列。随机给定一组拼图排列，你能否预先知道有一个无法解开？答案是——能。只需计算编号

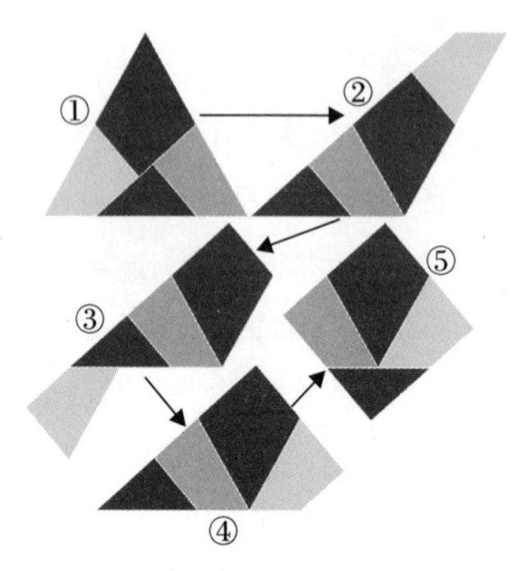

迪德尼的几何发现

n 的方块出现在编号 $n+1$ 的方块之后的次数，如果次数是偶数，那么谜题可以解开，否则你就是在浪费时间！

直到 19 世纪 90 年代，洛伊德才成为一名全职的谜题设计者。大约在同时，他开始与大西洋彼岸的谜题开发者、作家亨利·迪德尼建立定期的通信往来。尽管迪德尼十三岁就离开学校开始在公务员系统做文员，但他最后成了设计国际象棋和数学问题的专家。他经常用笔名“斯芬克斯”为报刊撰写文章介绍这些问题。三十年来，他一直是《河滨杂志》的专栏作家，还写了六本书。第一本书是出版于 1907 年的《坎特伯雷谜题》，据称收录了乔叟的《坎特伯雷故事》中人物提出的一系列问题。其中一个谜题被称为“哈伯达斯难题”，解题的方法正是迪德尼最著名的几何发现。这个难题是如何把一个等边三角形切成四块使其重新排列后可以拼成正方形。解法有一个显著特点是每个部分都可以在一个顶点上铰接形成一条可以折叠成正方形或原始三角形的链子。其中两个铰点将三角形的两条边一分为二，而第三个铰点和一个大块在底边上的顶点以大约0.982：2：1.018的比例切割底边。在1905年5月17日皇家学会的一次会议上，迪德尼展示了一个由抛光红木和黄铜铰链制成的解法模型。

有一段时间，洛伊德和迪德尼合作设计新的谜题。人们普遍认为迪德尼是优秀的数学家，而洛伊德更擅长展示和广告推销。但随时间推移，两人产生了矛盾，因为洛伊德总在未经别人允许的情况下借用别人的想法，甚至包装成自己的成果来发表。迪德尼的一个女儿回忆“父亲怒不可遏的样子甚至把她吓到了，从此她便将萨姆·洛伊德视为魔鬼”。

洛伊德还发明了一种名为“从地球上消失”的谜题，这是他最成功的商业产品之一，不过是基于早期类似的设计。在这个“消失”拼图中，一组拼图的总面积或图片中的物品个数在经过一些操作后会发生变化。在1896年出版的《从地球上消失》一书中，谜题的背景是一张长方形的卡片，上面是代表地球的、可以旋转的圆形卡片。每个拼块上都有一些人，他们应该是中国人[①]。

① 这个游戏诞生于排华法案在美国生效后不久。

“地球”旋转到箭头指向背景上的东北方向时，可以数出十三个中国人。但当地球稍微转动，箭头指向西北方向时，只能看到十二个人。那么问题是：第十三个中国人去了哪里？这个拼图的把戏在于，每个人身上都有一些小部分——胳膊、腿、身体、头和佩剑——少了一些碎片。当地球转动时，碎片就会重新排列，特别的是，十二个中国人中每一个都会从相邻的人那里得到一个缺少的碎片。

“从地球上消失”是一种视错觉游戏，它欺骗了我们的直觉。而还有些数学谜题似乎完全无视我们合理性的直觉——谁让直觉本来就是一个糟糕的向导呢？一个简单的例子，当我们思考不同的量在一维、二维和三维中如何变化时，就会遇到错觉的感受。例如，想象一下，地球被认为是一个半径为 6378 公里的完美球体，被一层薄薄的膜覆盖。现在假设在这层膜的面积上增加 1 平方米，形成一个更大的球体，那么膜的半径和体积增加了多少？我们很容易从球体的面积和体积公式中分别得出答案。出乎意料的是，如果膜的面积增加 1 平方米，它包含的容积就增加了约 325 万立方米，一个听上去很大的数字。然而，新的覆盖膜离地球表面不会太高，只有大约六十亿分之一米！

另一个与球体相关的问题不仅答案违反我们的直觉，而且一开始似乎就让人感觉缺少足够解开问题的信息。假设你有一个 1 英寸（约 2.5 厘米）高的木制圆珠，在它的中心钻一个洞（圆柱体），使得球体的其余部分只有半英寸高。现在想象一下，你有一个巨大的钻头，用它穿过地球的球心钻一个圆柱形的洞，尽管很大，但它留下的部分只有半英寸高。令人惊奇的是，木珠和地球这两个钻孔球体的剩余体积完全相同！这是因为，即使地球比珠子大得多，但为了使得地球上剩下的部分只有半英寸高，钻头会按比例在地球上取出更多部分，因此剩下的部分的体积并不分别取决于球体或孔的初始尺寸，而只取决于它们之间的关系，即孔洞要有半英寸长。这一事实也使得路易斯·格雷厄姆在《数学问题的突袭》一书中的诗歌谜题有了答案，尽管读者似乎对这个答案感到不可思议：

老博尼费斯兴致勃勃
在一个球体上钻了个孔
是从球正中笔直穿过
洞长六英寸不短不长。
现在告诉我，等洞孔钻到底
这球还剩多大体积？
解题条件貌似很少
但我说，答案已能够推敲

钻孔球体的剩余体积并不取决于球体的初始尺寸，既然已经知道这个秘密，我们就可以找到捷径，给出一个短得多的元论证，不必再通过几何从头开始证明。在任何球体上钻一个长 6 英寸的孔，它留下的体积和在直径为 6 英寸球体上钻一个直径为零的孔所留下的体积是相同的。通过球体的体积公式 $V=4/3\pi r^3$ 可以得到答案：当半径 r 等于 3 英寸时，体积约等于 113 立方英寸。

任何休闲数学问题，不论性质如何，都必须符合两个条件。首先，必须是可以解开的，且不需要借助大多数人在学校以外获得的知识；第二，要有吸引人的地方。谜题制作者们经常发现，要增强第二点的话可以加入一些编造的小故事。法国数学家爱德华·卢卡斯因研究斐波那契数列和发现一个现在以他命名的相关数列而闻名，他用一个虚拟故事为自己发明的一款流行游戏“汉诺塔”增加趣味。早期版本于 1883 年首次作为玩具出售，上面印有创作者的名字“Li-Sou-Stain”学院的“Prof. Claus”，但很快就被发现是圣路易斯学院的卢卡斯教授（Prof. Lucas of the College of Saint Louis）的回文构词游戏。汉诺塔游戏由三个木桩组成，其中一个木桩上有八个圆盘，从大到小依次叠放。问题是要以尽可能少的移动将塔转移到任意一个空木桩上，每次移动一个圆盘，永远不要放在更大的圆盘上。

卢卡斯为作品增添了一些异国情调，给游戏编造了一个奇幻故事。他写道，汉诺塔是传说中梵天巨塔的微缩版。在这个传说中，在印度城市贝拿勒斯一座“世界中心”的建筑的穹顶下有一块铜板。铜板上有三根金刚石针，“每根高一肘，厚度和蜜蜂的身体一样”。梵天大神在创造天地的时候把六十四个纯金

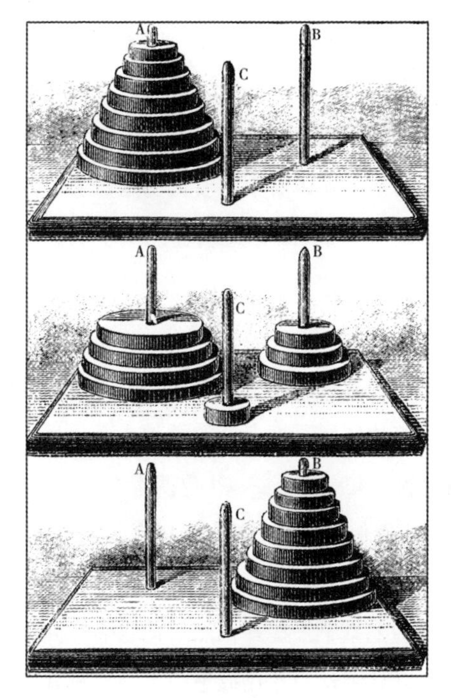

汉诺塔游戏

圆盘放在其中一根针上。每个圆盘尺寸不同，放在一个更大的圆盘上面，最大的圆盘放在底部，最小的圆盘在最上面。寺庙祭司的工作是把所有金盘从原来的针转移到其他的针上，每次移动的圆盘不能超过一个。祭司不能把圆盘放在更小的圆盘上，也不能放在除了其中一根针以外的任何地方。当这项任务完成后，六十四个圆盘都被成功转移到另一根针上，“塔、庙宇和婆罗门都将碎成尘埃，随着一声雷鸣，世界消失”。考虑到转移所有圆盘所需的步数是 $2^{64}-1$，也就是大约 1.8447×10^{19} 步，假设每一步花费一秒钟，那么所花的时间比当前宇宙存在的时间长约五倍！幸运的是，汉诺塔不需要花费这么长时间，只需移动八个圆盘而不是六十四个，因此所需的最小步数仅为 2^8-1，即 255 次。

像很多数学家一样，卢卡斯是在不寻常的环境下去世的。在法国科学发展协会年会的宴会上，一个服务员摔碎了一些餐具，其中一个碎片伤到了卢卡斯的面颊。几天后，他死于可能由败血症引起的严重皮肤炎症，年仅四十九岁。

另一个更古老但在数学上与汉诺塔有联系的是机械谜题（涉及移动物体）——中国环（九连环）。这个谜题需要从一个用硬钢丝做的水平圈上拿下一些环，然后把它们放回去。第一次移动时，最多可以从钢丝的左端取下两个环，将其中一个或两个从上到下滑动通过钢丝圈。如果两个环都取下，那么第四个环就可以滑到端部。如果只取下前两个环中的一个，那么下一步是将第三个环滑到端部。随后，必须将环放回钢丝环上，以便拆下其他环，这样的过程不断重复。

一般来说，如果环的数目是 n，n 是偶数时所需最小步数为 $(2^{n+1}-2)/3$，n 是奇数时所需最小步数则为 $(2^{n+1}-1)/3$。举个例子，去掉七个环需要用 85 步。游戏的解题方法大多都比较简单，因为每一步通常只涉及基于当前状态的向前或向后移动的一个状态。正确求解的关键是第一步：如果 n 是偶数，必须去掉两个环；如果 n 是奇数，则必须只去掉一个。这个过程与汉诺塔非常类似。事实上，卢卡斯对此给出了一个使用二进制算法的精妙解决方案。

和许多古老的数学游戏一样，九连环的起源也笼罩在神秘之中。根据 19 世纪的民族学家斯图尔特·库林的说法，这个游戏是中国将领诸葛亮在 2 世纪发明的，是送给妻子的礼物，这样当他外出打仗时她有事可做。在欧洲，最早提到它的文献之一是意大利数学家、方济各会僧侣卢卡·帕乔利大约 1500 年写的手稿《数学大全》(*De Viribus Quantitatis*)。手稿中对问题 107 的描述是："移除并放置与一堆相连的环连接的木条，非常困难的题目。"另一个意大利数学家吉罗拉莫·卡尔达诺也提到过这个问题，他是第一个研究负数问题的欧洲人。在 1550 年出版的《事物之精妙》(*De Subtililate*）一书中，卡尔达诺详细介绍了这个谜题，因此这个游戏有时也被称为卡尔达诺环。到了 17 世纪末，这个游戏在许多欧洲国家都很流行。法国农民甚至把它当作锁箱子的工具，并称之为 baguenaudier（九连环)，或"浪费时间的玩物"。

我们不知道为什么这么多数学难题据说都来自中国。也许，在过去的岁月里，传说的远东起源能为游戏增添神秘和异国风情的元素。实际上，这种游戏的起源可能没有什么特别之处。尼姆游戏有许多版本，很像一款名为"捡石子"的中国游戏，不过"尼姆"这个名字是 20 世纪初由哈佛大学数学系副教授查尔斯·布顿创造的。这个名字源于古英语，意思是“偷”或“带走”。他在 1901 年发表了一篇对尼姆游戏的完整分析，其中包括对获胜策略的证明。尼姆游戏中，两个玩家轮流从两堆、多堆或多行中至少取走一个物品，谁拿到最后一件物品，谁就获胜。其中一种游戏形式是五排火柴，它们以这样的方式摆放：第一排有一根火柴，第二排有两根火柴，以此类推，最下面一排有五根火柴。玩家轮流从任何一行中移除任何非零数量的火柴。

第一台运行尼姆游戏的计算机足有一吨重，由美国西屋电气公司于 1940 年制造，并在纽约世界博览会上展出。它与观众和工作人员进行了十万场比赛，胜率高达 90%，令人印象深刻。它大部分的失利都是输给了工作人员，是为了打消那些怀疑机器不会被打败的观众的疑虑。1951 年，一个能玩尼姆游戏的机器人 Nimrod 先后在英国艺术节、柏林贸易展览会上展出。它太受欢迎了，观众都忘了去展厅另一侧享用免费饮料。最后，当地警察不得不到现场来控制局面。

就难度而言，“永恒之谜”也许是休闲数学中最能挑战人们智商的谜题之一。这是一个由 209 个拼块组成的拼图，每一块都不同，都是由总面积与六个三角形相同的等边三角形和半三角形构成。玩家需要将它们组合成一个与三角形网格对齐的接近正十二面的图形。该拼图的发明者克里斯托弗·蒙克顿在 1999 年 6 月产品发行时悬赏 100 万美元，给第一个找出正确解法的人（假设有这样一个人），所有解法都在 2000 年 9 月公布。蒙克顿曾用计算机搜索过小版拼图的解法，确信解开规模巨大的永恒之谜非常困难。然而，艾利克斯·塞尔比和奥利弗·赖尔顿两位英国数学家在几台计算机的帮助下，于5月15日提交了正确的拼图，比仅有的另一位找出正确答案的数学家早六个星期。

在解开谜题之前，塞尔比和赖尔顿就有一个惊人的发现。一定程度上，随着永恒类谜题中拼块数量的增加，难度也随之增加。大约七十个拼块就是一个临界点，这几乎是不可能解开的。但对于更大规模的永恒之谜谜题，可能的正确解法数量也会增加。有209个拼块的永恒之谜拼图本身，据说至少有10^{95}个解，远远多于宇宙中亚原子粒子的数量，但远少于非解的数量。这个谜题本身就太大了，很难用穷尽式搜索法来解题。但事实证明，如果用更精明的算法，充分考虑什么形状的区域最适合密铺，什么形状的拼块最容易结合，就可以解决这个问题了。塞尔比和赖尔顿不断改进他们的搜索算法，成功排除了大多数非解，再加上一点点运气，最终找出解法并获得了奖金。

虽然许多数学谜题设计出来只是为了好玩，但有些描述很简单的数学谜题却为数学带来了突破性的进展。最著名的一个是我们之前讨论过的柯尼斯堡桥。莱昂哈德·欧拉从反面证明了这个命题标志着图论的诞生，也是拓扑学发展早期一次重要的探索。另一个长期困扰数学家们的难题是“四色问题”，目的是证明或反驳这样的论断：给任何地图上色都不需超过四种颜色，使得相邻的两个区域不会涂成相同的颜色。这个命题在各种特例下很容易被证明是正确的，但是提出一个涵盖所有可能性的证明却很难。1976年，伊利诺伊大学肯尼斯·阿佩尔和沃尔夫冈·哈肯终于公布了一个证明，标志着计算机第一次在这样的数学成就中扮演了重要角色。而1943年，瑞士数学家雨果·哈德维格提出了四色问题的一个扩展问题，意义深远，至今仍是图论中最伟大的未解之谜。

在思考四色问题时，皮特·海因在1942年想出了一个新的棋盘游戏的主意，以“多边形”命名，并在丹麦风靡一时。几年后，美国著名的博弈论家约翰·纳什（传记电影《美丽心灵》的主人公）也自主地有了同样的想法。纳什的版本在普林斯顿大学和一些美国校园的数学系学生中流行，最终被“帕克兄弟”公司以“六贯棋”的名字推向市场，这个名字一直流传下来。六贯棋1957年7月在马丁·加德纳的《数学游戏》专栏中出现，已经成为许多博弈论研究的主题。纳什自己第一个证明了六贯棋游戏不可能以平局告终，而且不论游戏棋盘大小如何，先下的玩家总有制胜的策略。

我们玩六贯棋、国际象棋、非洲棋或井字游戏，在“猫的摇篮”（翻绳）游戏中创造一个弦图形解开一个迷宫或逻辑难题，做折纸模型或者编辫子的时候，其实都是在做数学的事情。正如艺术和音乐有多种表现形式一样，数学也是如此。数学并不像人们有时描述的那样枯燥难懂，它可以是充满乐趣和人性的东西——当我们在寻找乐趣时，不知不觉就与数学做伴了。

第十二章　奇异而美妙的形状

古怪是美丽必不可少的元素。

——夏尔·波德莱尔

1968 年，美国飞行员约瑟夫·波特尼乘坐一架美国空军 KC-135 飞机飞越北极，当时他是一名工程师，正在检查一些新的导航设备。当他俯视被冰覆盖的地球表面时，产生了一个奇怪的想法：如果地球是另一个形状呢？如果它的海洋、大陆、岛屿和极地帽被映射到圆柱体、金字塔、圆锥体或环面上呢？回到家后，他画了十二个不同的假想地球的草图并配上了标题，交给他工作的利顿制导 & 控制系统公司的图形艺术组来制作模型。这些模型随后被拍摄下来，并成为利顿 1969 年出版的《飞行员和航海者日历》，每个月介绍十二个假想地球形状中的一个。这套作品在国际上引起轰动，获得众多奖项，粉丝邮件蜂拥而至。

几个世纪以来，无数人像波特尼那样为形状和几何而着迷。他们发现了一个迷人的曲线“动物园”，里面有各种各样的曲线、曲面、立方体和更高维度的图形，其中只有一些可以被制成真实的物体，其余的出于种种原因，并不能在这个世界上存在，只能待在所有在数学上可能存在的事物的共同家园——奇怪的思维领域之中。

有些形状并不难想象或描绘，但仍然有看似奇特的特性。有一个形状被称为加布里埃尔的号角，或托里拆利小号，因为它是由意大利物理学家和数学家埃万杰利斯塔·托里拆利在17世纪初首次研究出来的。年轻时，托里拆利曾在伽利略位于佛罗伦萨附近阿尔切特里的家中学习，伽利略去世后，成为数学家和哲学家的托里拆利接替老师，为他们共同的朋友和赞助人托斯卡纳大公效力。尽管托里拆利以发明气压计而闻名，但他也对数学做出了重要贡献，其中最重要的莫过于他发现了著名的“号角”，在广受喜爱的同时，也引发了一场关于无限本质的激烈辩论。托里拆利的同胞数学家博纳文图尔·卡瓦列里写道：

> 我收到你的信时正发烧和痛风，卧病在床……尽管我在病中，仍因你的思想成果而振奋起来。我发现那无限长的双曲固体真是令人无限着迷，它等于在所有三维空间中都有限的体积。我向我的一些哲学学生谈起这件事时，他们一致认为这真是不可思议的奇迹。

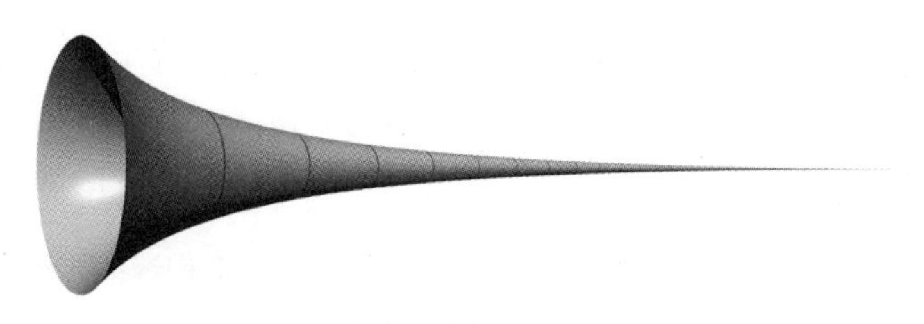

加布里埃尔的号角

加布里埃尔的号角是曲线 y=1/x 的旋转曲面，对于 x 大于 1 的值，这个图形为矩形双曲线。

旋转曲面是指直线或曲线绕某个轴旋转后产生的曲面。例如，球体是围绕其直径旋转一个圆而产生的旋转表面。当 x>1，y=1/x 的曲线绕 x 轴旋转时，就形成加布里埃尔的号角。托里拆利惊讶地发现，尽管号角的体积有限，等于 π 立方单位，但它有无限大的表面积！一个无限大的表面积怎么能包围一个有限的体积？托里拆利尝试了各种方法来证明它的面积实际上是有限的，但都失败了。

这种奇怪的状况导致了所谓的“画家悖论”——假如加布里埃尔的号角里装满了颜料，但似乎都不够涂满它的表面，因为你肯定无法用数量有限的颜料去覆盖无限大的表面积。然而，如果用颜料覆盖整个加布里埃尔的号角，那么肯定有足够的颜料（还有很多剩余）能覆盖它的整个内表面。如果用由原子和分子组成的真实颜料来做这件事，那么这是真的。但如果号角变窄，窄到连一个颜料分子都装不下，那么颜料实际上只能覆盖号角表面的有限部分。另外，如果我们假设原子是球体，它们的表面只在单个点接触，那么对我们来说，颜料“覆盖”表面的概念就变得不那么清晰了。事实是，如果我们谈论的是现实世界中的情况，使用的是真实的颜料，那也必须把角的形状变成真实的。这样的话号角会缩小到没法允许原子或分子通过，那么物理上的“角”就必须在这里终止了，它的体积和表面积也随之变成有限的。

而真正的（数学意义上的）角才是困扰托里拆利的东西。当他的发现传播开来，其他人都非常震惊，想知道这是怎么回事。它比以往任何时候更能说明，可能存在“真正意义上的”无限或“实无限”——在这种情况下，一个形状真的可以是无限长——有别于“潜无限”——或者可以无限延伸。英国哲学家托马斯·霍布斯也对号角有一些看法，因为它与他心目中的无限不一致。

当然现在我们知道了，可以使用特殊的“数学”颜料，它的颗粒要多小有多小，因此托里拆利时代困扰数学家和哲学家的悖论将不再出现。随着面积的变大，颜料的厚度可以导速变薄，使得严格有限的颜料量能覆盖无限大的表面。不幸的是，托里拆利生活在微积分出现之前，否则他就会明白，号角的悖论可以用微积分上的“无穷小量”来解释。

加布里埃尔的号角还因为具有负曲率而十分有趣。这使得它与伪球面等有趣的表面属于同一类。顾名思义，伪球面意为假的球面，和球面联系紧密，只是弯曲性质的不同。球面的每一点都有正曲率，换言之，它的曲面始终位于一个平面（切平面）的一侧，切平面都与曲面接触于一点。相反，如果曲面在两个不同方向上偏离切平面，则曲面在某个点具有负曲率。球面不仅处处具有正曲率，而且具有恒定的正曲率，其值等于 $+1/r$，其中 r 是球体的半径。伪球面正好相反，它处处都有一个恒定的负曲率，等于 $-1/r$。对于给定的 r 值，球面和伪球面围成相同的体积。然而，一个球面拥有一个封闭的表面和一个有限的面积，而一个伪球面有一个开放的表面和一个有限的面积。（就面积而言，伪球面不同于加布里埃尔的号角，因为它变窄得更快。）伪球面的负曲率的另一个结果是在其表面上的三角形内角加起来小于 180°；而在球面上，三角形的内角之和超过 180°。

球面和伪球面上的几何不遵循欧几里得所制定的规则，欧几里得规则只适用于平面。这两种几何都是非欧几里得几何的例子：球面是球形（或椭球）几何，伪球面是双曲几何。从爱因斯坦时代起，科学家们就意识到这样的事实：我们居住的空间因其包含的物质和能量的存在而弯曲。然而，我们仍然不确定宇宙的整体形状，这是由它所包含的物质和能量的平均密度决定的。它可以是一个类似于球面、伪球面或平面的形状。目前最精密的观测数据表明，宇宙几乎完全是平的，如果真是这样，它将持续膨胀。

正如加布里埃尔的号角是曲线 $y=1/x$ 的一部分旋转面一样，伪球面是由一条被称为曳物线的曲线旋转（越来越靠近但不碰到轴线）而来的。曳物线是法国数学家克劳德·佩罗提出的一个问题的答案。佩罗并不以数学而闻名，他学过医学，作为建筑师和解剖学家也小有名气，后因解剖骆驼时意外感染而去世。除了设计出曳物线，他最有名的身份是《灰姑娘》与《穿靴子的猫》作者的哥哥。1676 年，大约在博学的德国数学家戈特弗里德·莱布尼茨对微积分进行开创性研究的时候，佩罗把怀表放在一张桌子的中间，把表链的一端拉到桌子的边缘，问道：手表所描绘的曲线是什么形状?

1693 年，荷兰物理学家、天文学家和数学家克里斯蒂安·惠更斯在给朋友的一封信中对佩罗的问题给出了第一个已知的正确答案，惠更斯还从拉丁语 tractus 创造出“曳物线”tractrix，意思是被牵引的东西（对应的德语名称是 hundkurve，或者叫“猎犬曲线”，你想象一只狗在主人走开时可能会拖着狗链所走的路径，就能明白这个名字的意义了。）

曳物线与另一条有趣的曲线密切相关——悬链线，自由悬挂的链条所呈现的形状。事实上，这个名字源自拉丁语 Catena，意为链。悬挂在电塔之间的电力电缆也会形成悬链线，就像电荷在均匀电场中的移动路径一样。从悬链线开始，可以用一种非常简单的方法绘制曳物线。假设你把一根绳子的一端固定在悬链线的一个点上，再把绳子拉出来与所连接的曲线相切，然后把绳子收起来，始终让它绷紧。该绳子末端扫过的路径将是一个曳物线。如果用一个圆做同样的事情，你将会得到一种螺旋。（或者想象一只拴在柱子上的山羊，如果它沿着同一个方向绕了一圈又一圈，保持系绳拉紧，直到它绕到中心为止，它所走的那条路是怎样的。）在这两种情况下，得到的形状被称为原始曲线的渐开线。

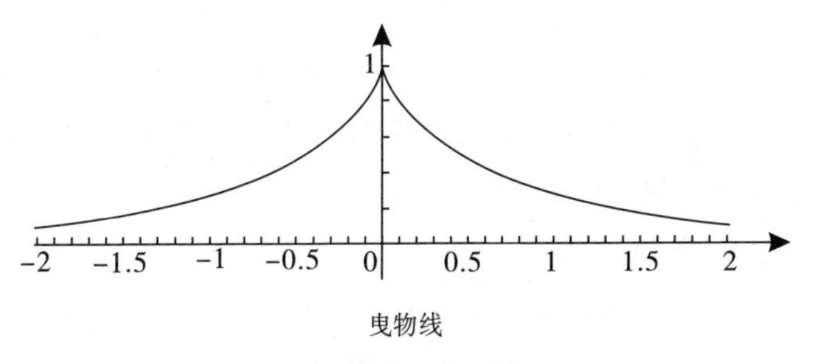

曳物线

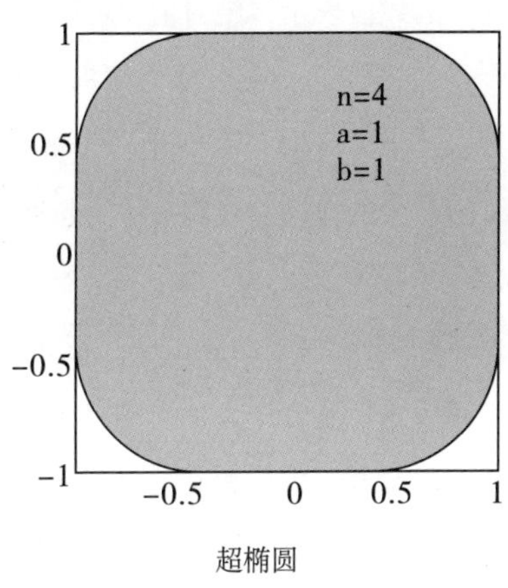

超椭圆

将悬链线绕其中心轴旋转，则会产生另一个迷人的形状——悬链曲面。瑞士数学家莱昂哈德·欧拉在1740年首次描述了这种形状，除了平面以外，它是已知最古老的极小曲面——一种以固定封闭空间为界的最小区域的形状。它是唯一已知的也是旋转曲面的极小曲面，还是连接在同一轴线上两个直径不等的平行圆的极小曲面。制造它的一种方法，正如第十章中所描述的那样，是将两个圆环浸入肥皂溶液中，然后慢慢地将圆环分开。

在所有神奇的曲面形状中，最惊人的还是“超级蛋”。它由丹麦诗人、科学家皮特·海因命名和推广。“超级蛋”是从某种超椭圆的旋转中产生的，这种形状介于普通椭圆和圆角矩形之间。一个普通的椭圆方程是 $(x/a)^2+(y/b)^2=1$，其中 a 是椭圆长轴长度的一半，b 是椭圆短轴长度的一半。在19世纪，法国数学家加布里埃尔·拉梅研究了由更一般的方程 $|x/a|^n+|y/b|^n=1$ 产生的曲线族，其中直立的线段表示“绝对值”（线段之间的无符号值），n 大于0。毫不奇怪，这一族被称为拉梅曲线。椭圆就是 $n=2$ 时的拉梅曲线。当 $n=2/3$ 时，会产生一个被称为星体的四点星形状。n 大于2时产生的拉梅曲线均被称为超椭圆。“超级蛋”就是 $n=2.5$，$a/b=6/5$ 时的超椭圆的旋转面。只有被做成实物时（例如用木头），这个图形的奇异性才凸显出来。正如海因指出的，立在任意一端的“超级蛋”有着令人惊讶的稳定性，非常好玩。在20世纪60年代，由金属、木材和其他材料制成的“超级蛋”作为新奇商品在市场上售卖，特别是小型的实心钢制“超级蛋”

常被当作一些用来把玩的玩具。如今，你可以在皮特·海因自己的网站上订购一个不锈钢“超级蛋”，再配上一个优雅的灰色包装，“柔软曲线与冰冷钢铁的结合，非常适合减压和缓解烦躁”。你也可以参观世界上最大的“超级蛋”，它由钢和铝制成，重达一吨，1971 年被放在格拉斯哥的开尔文大厅外，以纪念曾经在这里发表演讲的海因。

“超级蛋”的历史可以追溯到 1959 年，当时斯德哥尔摩的城市规划者们正打算重新设计赛格尔广场——斯德哥尔摩最中心的公共广场。设计者们决定在纪念碑周围建一个喷泉，喷泉周围的交通将以环形交叉口的形式流动。对于喷泉的形状，该项目的首席设计师咨询了他的朋友皮特·海因，海因在一分钟内想到了一个“连续变化的弯曲形状”，即我们前面提到的方程生成的超椭圆。后来，聪明的海因把他特殊的超椭圆制作成了实心产品，作为一种新奇玩物出售。事实证明，这个设计成了他发财的“金蛋”。

然而，超椭圆的应用并未止步于瑞典首都环岛交通的设计——它成了那个时代斯堪的纳维亚桌子的标志性形状，也在 20 世纪 60 年代成了当代桌子的标志性形状；当越南战争中对立双方的谈判代表无法就在巴黎举行的会议的桌子形状达成一致时，他们最终决定采用超椭圆；1968 年墨西哥城奥运会主体育场的形状也是一个规模更大的超椭圆。

要制作一个弯曲的物体很容易，如果把它放在一个平面上让它始终停在相同的位置上——只需在它一端加上重量。“超级蛋”很特别，同时很有趣，因为它内在的重量分配没有任何特别设计：它由相同密度的材料制成。

另一个形状的稳定性更惊人，它被描述为世界上最奇怪的物体。它当然有一个奇怪的名字：网跻克（Gömböc），源自匈牙利语，意为“球体”（因为它具有一些类似球体的属性）。网跻克在 1995 年首次由俄罗斯数学家弗拉基米尔·阿诺尔德发现。它是一个有凸起的三维均匀（整体一致性相同）的物体，在一个面上只有一个稳定的平衡点和一个不稳定的平衡点。换言之，如果把它放在一个平面上，除了一个位置外，在其他位置它都会移动，直到停在稳定的平衡点；唯一的例外是在不稳定的平衡点时，除非有一点点的推动，否则它将继续保持那个状态。匈牙利数学家、工程师加博尔·多莫科什和他的学生彼得·瓦尔科尼在 2006 年证明出网跻克的形状不仅仅存在于数学推理中，也能够以多种形式在现实世界中存在。

乍一看，网跻克没什么了不起的。它有一个弯曲的宽底座，周围是平坦的侧面、上升到一个弯曲的脊。把它放在弯曲的底座上，它会如你猜想的那样来回摇晃，直到停在那个稳定的平衡点上。如果以平坦的侧面为底，它最终也会停在稳定点上，但是速度会慢很多，看起来似动非动的样子。网跻克在缓慢地来回滚动之后，会有一次暂时停顿，然后快速滚动，最后达到稳定的平衡点，并在此回到正常位置。

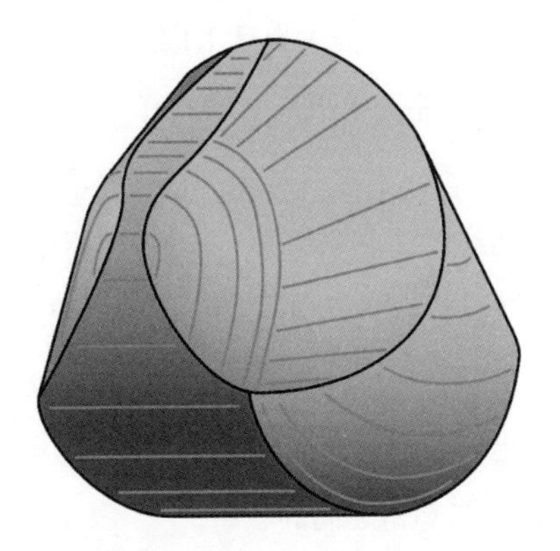

纲跻克

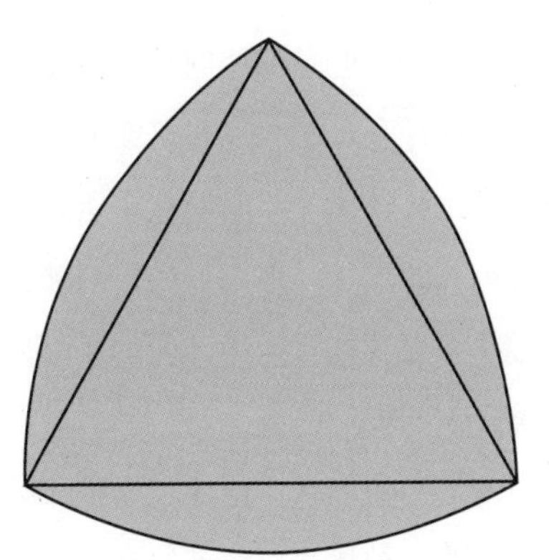

用等边三角形和三个圆制作的勒洛三角形

如今，人们可以从许多渠道购买翊跻克，但它们并不便宜，且它们的自我扶正能力在很大程度上取决于制作的精细程度和成分（较重的材料往往效果更好）。例如，手持型的制作误差必须精确到大约百分之一毫米，或头发丝十分之一那么细，才能达到上述效果。《纽约时报杂志》在2007年将翊跻克评选为当年七十个最有趣的创意之一。几年后，翊跻克出现在BBC电视台的热门问答节目 *QI*[①] 上，进一步增加了知名度。主持人斯蒂芬·弗莱演示了这一奇观，还向观众席中的多莫科什解释了翊跻克的原理，以及它与乌龟之间的联系。

乌龟是这样一种动物：如果意外地或在打斗中翻过来背朝地，它们会遇到大麻烦，因此自我扶正能力对其生存至关重要。一些乌龟和海龟，特别是龟壳扁平的那些，有长长的腿和脖子，可以借此把自己翻过来。但是那些圆外壳的乌龟和海龟就需要另一种策略。多莫科什和瓦尔科尼在研究翊跻克相关理论方面取得突破性进展后，又花了一年时间在布达佩斯动物园测量和分析了不同种类龟壳的形状。他们最终用翊跻克几何理论解释了乌龟的身体形状和自我扶正能力之间的关联，尽管仍存在争议，但已被一些生物学家认可。

有些早已为人所知的形状，是通过形状和旋转的结合来实现稳定性。最特别的一种形状已经被发现数千年，在埃及和凯

①QI（Quite Interesting），BBC电视台于2003年创办的一档趣味回答节目，嘉宾提供正确或有趣的冷知识会得到加分。

尔特等文化中以不同的名称出现，如“回旋陀螺”、“凯尔特石”和“摇摆石”。它呈船形，有一个弯曲的底部和大致呈椭圆形的顶部，朝一个方向开始旋转，旋转几圈，然后从一端到另一端发出嘎嘎的声响，最后反方向旋转。如果从另一个方向开始，它会一直朝那个方向旋转，然后停下来。这样的现象是因为其底部的形状并非完全对称：它的一边比另一边高。

旋转同样是另一个难题的核心，数学家、物理学家或工程师都对它感兴趣。假设你需要一个可以作为旋转体的二维形状，它旋转时必须有一个恒定的宽度，否则在它上面旋转的东西都会上下跳动。显然，圆是可以做到这一点的，一开始它似乎是唯一可行的形状。但出乎意料的是，还存在其他可行的形状，其中最简单的是勒洛三角形，它以德国机械工程师弗朗茨·勒洛的名字命名。勒洛曾开发出能够将一种运动形式转换为另一种运动形式的机器。要制作这样一个三角形，可以先取一个等边三角形，画一个以顶点为中心的圆弧穿过另外两个顶点。对三个顶点执行此操作，就能获得一个边弯曲且宽度恒定的三角形。作为旋转体，勒洛三角形能和圆发挥同样的作用（不过这种三角形不太适合做轮子，因为轮子需要恒定的半径和直径）。

像任何等宽曲线一样，勒洛三角形也能做成井盖——其关键特性在于，井盖被移动或脱落时不会（像正方形井盖那样）掉到竖井里去。不过，勒洛三角形最巧妙的应用是钻头。宾夕法尼亚州的一家工具制造公司“瓦茨兄弟”发明了一种以勒洛三角形为基础的钻头，它可以钻出（几乎是）正方形的孔！孔的四个边都是完全笔直的，不过由于勒洛三角形的夹角 120°，无法完全钻入每个角落，所以只会留下四个圆形角。

勒洛三角形的方式可以扩展到其他多边形，例如通过类似的构造方法可以产生勒洛五边形和七边形等。在英国，勒洛七边形特别常见——它是 20 便士或 50 便士硬币的形状。使用等宽曲线的形状是因为无论从哪个方向投放硬币，它都能被投入自动贩卖机中，而且这种不寻常的形状与圆形不同，更难被伪造。

在三维空间中，一个具有奇怪滚动特性的形状是怪锥（sphericon），由以色列玩具发明家大卫·赫希于 1979 年发现。和勒洛一样，赫希的目标是设计出一种能够产生某种特定运动的装置，而怪锥是一种摇摇晃晃的拖拉玩具般的运动。1980 年，他为自己的发明申请了专利，第二年，儿宝乐（Playskool）公司开始销售一款基于赫希的创新而设计的玩具，名为“摇摆鸭”。

制作怪锥，要从直圆锥体开始—— 一个底部为圆形且顶部角度为 90° 的圆锥体，现在把两个圆锥体（底部）粘在一起形成一个双锥，从侧面看，由于顶部的角度是直角的，所以这个双锥的垂直截面看起来是正方形。现在，通过一个包含两个顶点的平面将其垂直切成两半，这样会产生两个相同的部分，都具有正方形的横截面。接下来的关键步骤是：将其中的一半旋转 90°，然后将两半粘在一起。瞧，你现在就有一个怪锥了。

这个形状有一些非同寻常的特性。普通圆锥体或双圆锥体沿圆形滚动，而怪锥可以直线滚动——不过，由于它的面是锥形，所以这条直线稍微有些弧度，而不是标准的直线。如果有两个怪锥，它们可以围绕彼此滚动，就像在平面上一样。事实上，你可以在一个怪锥周围再加上八个怪锥，这八个怪锥都会同时围绕着中心的怪锥滚动。

到目前为止我们讨论过的所有形状，不管多么奇怪，都可以制作（至少是近似地制作）出实物。也许我们无法建立一个完整的加布里埃尔的号角模型，也无法建立一个延伸到无穷远的伪球面，但我们可以制作一个有限的模型，然后想象它永远延伸下去。但是有一些数学图形，它们的性质过于怪异或离谱，以至于不能在现实世界用实物来表示。这些“数学恶魔”就是所谓的“病态形状”，它们的性质常常与直觉相悖。其中最奇怪的是一个被称为“亚历山大角球”的结构。

这个图形以普林斯顿数学家詹姆斯·亚历山大命名，他在20世纪20年代初首次描述了它。角球就是拓扑学中描述为“野生”结构的一个例子。至少在拓扑学家看来，角球的内部与球面是一样的。这说明角球的连接方式是简单的，可以通过变形变成一个普通的球面，而变形过程中没有任何破裂或撕裂。然而，从外形来看情况就完全不同了，这是因为角球中包含“角”。在外形上，角球是由一组无限递归的环带组成的，环带的半径是递减的——角中套角，以此类推，不断循环。尽管这个图形只有一个球形内部，但这种奇怪的形状有着无限复杂的外部。在

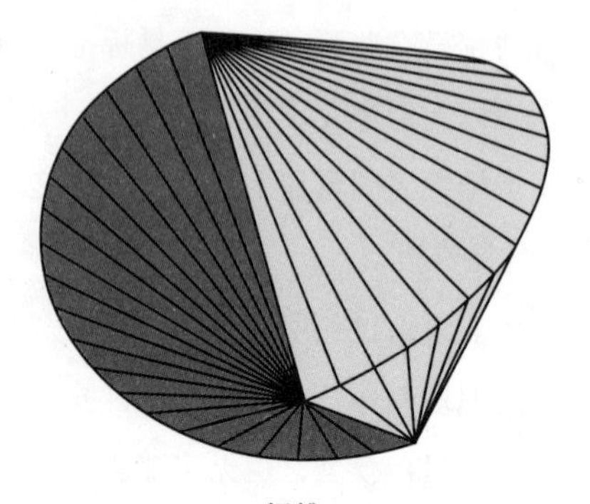

怪锥

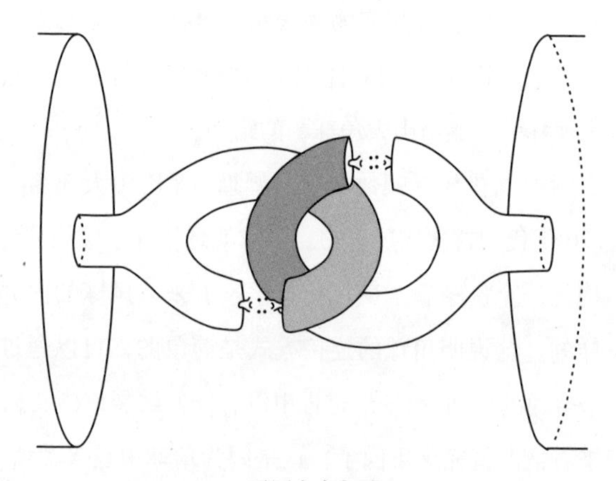

亚历山大角球

任何一个角的底部套上橡皮筋，即便经过无限多的步骤，也无法将它从结构中取下。虽然角球不可能被制造出来，但美国雕塑家吉迪恩·魏斯模拟出了许多近似的结构。

在希腊最伟大的思想家之一柏拉图的哲学中，由他命名的四种立体与四种经典元素有关：立方体与土、八面体与气、四面体与火、二十面体与水。柏拉图的第五个立体图形十二面体，与天体元素联系更为松散，后者被称作以太或第五元素。很久以后，约翰内斯·开普勒将同样的五个柏拉图立体与当时已知的五个地外行星进行了匹配。今天，我们的科学世界观要成熟得多，但对于几何形状和基础物理之间的深层联系仍有研究的空间。令人惊讶的是，理论家最近发现了一个被称为振幅多面体的多维形状，它形似一种多面的宝石，可以用来求出一系列描述基本粒子相互作用的复杂方程的解。即使使用高速计算机，用常规方法求解这些公式也会太费时，然而基于振幅多面体的计算却可以简单地用笔和纸完成。据提出这一新想法的物理学家之一、哈佛大学雅各布·布杰利说："其效率之高令人难以置信。"

振幅多面体，或者类似晶体的物体，甚至可能成为理解科学中一大谜团的关键，这个谜团就是引力和量子力学是如何统一的。考虑粒子相互作用的新几何方法不仅简化了对数学方程的求解，还表明我们需要更改思考事物本质的方式。在振幅多面体中，空间、时间和粒子在时空中的运动被视为幻觉。相较于粒子的变化——如粒子之间碰撞和散射，在距离和时间上不断产生各种力——更重要的是某些形式的永恒结构。物理学的本质是从一些奇形怪状中显露的，而我们现在才开始觉察到这些形状的存在。

第十三章　巨大的未知数

数学中过去的错误和未解之谜一直是数学未来的机遇。

——E. T. 贝尔

未解之谜是数学发展的生命力。每个人都喜欢有趣的谜题，大多数人也沉迷种种智力游戏——数独、逻辑拼图、迷宫等。数学家也同样如此，他们的好奇心可能更甚。冒险进入稀奇数字、奇异几何和抽象代数等未知领域的探索是证明强大智力的助燃剂。探索数学未解之谜没有边界和尽头。一个问题解决的同时常常会产生新的问题，甚至可能会开辟数学的全新分支。

古希腊人特别喜欢几何，尤其痴迷于三个几何之谜。这三个未解决的问题都与图形构造有关，且只允许使用直尺和圆规。只用这两个简单的工具就可以完成大量令人惊讶的工作，例如将线段划分为任意整数比，以及构造各种正多边形。在后者中，等边三角形和正方形被证明是最简单的，但古希腊人也能构造出正五边形、十五边形和基于可构造的多边形边数翻倍的图形。因此，他们能够运用尺规从一个十五边的多边形制作出一个三十或六十边的正多边形。然而，尺规作图中有三个图形构造问题用任何方法都无法解开。

角三等分是三个难题之一。给定一个任意角度，用直尺和圆规能否把它分成三等分？有些角度如直角，很容易用这种方法进行三等分。但除去一些特殊情况，古希腊人发现其他角的三等分问题怎样都解不开。但如果允许他们使用一把有刻度的尺子和一个圆规作图的话（即所谓的二刻尺作图法，源于希腊语 neuein“斜向”），就可以解开这个问题。用普通直尺和圆规则无法实现。

困扰希腊人的第二个几何问题是“化圆为方”。给定一个圆，只用直尺和圆规是否可以构造一个面积与圆相同的正方形？公元前 5 世纪，希俄斯人希波克拉底通过证明一个特定的月形（带有两个圆弧的新月形）与一个三角形具有相同的面积，似乎在解决该问题上取得了进展。他的结果表明，你可以构造三角形(再多一些步骤，也能构造出正方形)，它与具有边弯曲的形状面积相同。但是没有人能把这个结果推广到构建与圆面积相同的正方形中去。

第三个经典的构造问题是“倍立方体”。给定一个立方体，有没有可能用尺规制作一个体积是其两倍的立方体？古希腊人再次发现，使用有刻度尺子是可以的，但普通的尺规不行。两千年过去以后，才有数学家在这个问题上取得进展，这是因为一个古希腊人不知道的新数学领域被开拓出来了。

1796年，还是青少年的德国伟大数学家卡尔·高斯发现了一种构造十七边形的方法（通过扩展，他还能构造那些有十七边倍数的多边形——三十四、五十一、六十八边形等等）。他还解释了哪些多边形(包括七边形和九边形)不能用他的方法产生，而那三个经典的古希腊几何之谜都无法用高斯的方法解决。在一段时间内，人们希望通过其他方法来解决古希腊几何学家长期以来反复琢磨的那几个几何问题。但几十年后，一位鲜为人知的法国数学家皮埃尔·万策尔永远终止了这种希望，而他自己由于自身的疏忽而早逝。

万策尔死后，他的一位同胞数学家朋友写道："他通常晚上工作，很晚才躺下；然后起来看书，往往只睡几个小时。他经常滥用咖啡和鸦片,吃饭不规律……"他最有名的时候是1837年，当时，他证明了角三等分和倍立方体是永远不可能的，用高斯的方法可以构造出任何尺规作图能构造出的东西，但这些问题上的进一步突破是绝对不可能了。

高斯和万策尔对古代几何三大经典问题的研究都以一个数学分支为基础，那就是由两个法国数学家勒内·笛卡尔和皮埃尔·德·费马在17世纪30年代开创的解析几何。解析几何的设定是平面上的任何一点都可以用两个数来表示，这两个数称为笛卡尔坐标，即点在 x 轴和 y 轴上的坐标值。历史学家认为这一领域的先驱者是公元前 4 世纪的希腊数学家梅内克缪斯和波斯数学家、天文学家、诗人奥马尔·海亚姆。但是，用代数来表示几何学的这一突破，还要等到西欧文艺复兴开始以后，就像其他许多科学发现一样。

解析几何的一个关键点是，某些距离可以表示为多项式的根。一个多项式（“多”表示“很多”，“项”在这里表示“形式”）是一个表达式，如 $4x+1$、$2x^2-3x-5$ 或 $5x^3+6x-1$。换句话说，它们是项的组合，其中包括常量（如 1 或 -8）、变量（如 x 或 y）和指数（如 x^2 中的 2）等。多项式的根是当多项式等于 0 时的变量的值。例如，多项式 x^2+x-2 的根是 1 和 -2，将 1 和 -2 带入 x 的话，表达式就会等于 0。在解析几何中，构造正多边形的问题变成了确定哪些多项式的根可以对应能用尺规解决的距离的问题。高斯找到了一种所有能由次数（多项式中出现 x 的最高幂）为 2 的多项式的根表达距离的构造方法。正十七边形对应于十六次多项式的根，因此它可以被构造出来。万策尔用高斯的方法证明角三等分和倍立方体都是不可能的，因为它们产生了三次多项式。他的证明意味着数学家可以停止寻找解决这些问题的方法了。无论未来数学如何发展，无论有多少纸上谈兵的理论家或怪人试图说服别人已经找出了解法，都是不可能的。

那么就只有“化圆为方”问题悬而未决了。要使用无刻度的直尺和圆规实现这个构造，就必须证明数字 π——圆的周长与直径之比——是一个二次多项式的根。其实早在 17 世纪，这似乎已经不太可能了。1882 年，费迪南德·林德曼证明出 π 是超越数，也就是说，它不是任何多项式的根。因此用尺规作图“化圆为方”的幻想彻底破灭了。

我们现在知道了，古希腊人解决三大几何构图问题的努力从一开始就注定要失败。但这并不是由于他们粗心大意或者走错了路，只是他们当时不具备解决问题的理论工具，就像他们当时无法测量离恒星最近的距离或证明原子存在一样。事实上，很多时候我们只有在回顾时才会意识到我们之所以无法解决那些问题，是因为知识体系中存在一个关键的缺口。这可能是个很容易跨越的小沟，也可能是巨大的鸿沟——在技术上类似于古代第一个“鸟人”的飞行尝试和阿波罗首次登月带来的飞跃。有趣的是，一个可能是数学中最著名、直到最近都没被解开的谜题，很可能就是后者那样巨大的鸿沟。但考虑到人们偶然发现的一小段几百年前留下的手迹，我们无法百分之百确定是否存在更简便的解题方法。

1637 年，在阅读希腊数学家丢番图的《算术》一书时，数学家费马在页边空白处写下了一个令数学家们痴迷了几个世纪的注释。这是他儿子在他死去二十年后偶然发现的。在注释中，费马声称方程 $a^n+b^n=c^n$，其中 a、b、c、n 是正整数，在 n 大于 2 的情况下没有解。他接着说他能证明这个猜想，但书侧的空白太小，写不下。他真的有一个证明吗？会不会他自认为有个证明，但实际上是错误的？或者他只是在开玩笑，假装知道一些不知道的事情，好让其他数学家去挑战这个问题，直到它被最终解开？

众所周知，费马大定理（尽管它曾经只是一个猜想）很容易阐明，费马自己也很早就取得了突破——他证明并发表了 $n=4$ 的情况。但是哪怕 n 再多一个取值，要证明它也出奇地困难。1770 年，在费马之后的一个多世纪，莱昂哈德·欧拉最终成功地证明了 $n=3$ 的情况。法国数学家阿德里安·马里耶·勒让德尔和彼得·狄利克雷在 1825 年证明出了 $n=5$ 的情况。在之后的一个世纪里，一些数学家也证明了一些特殊指数的情况。最终计算机也参与了进来，n 的幂次逐渐提高。到 1993 年初，电子数字运算已经证明费马大定理适用于所有小于 400 万的 n 值。以日常标准来看，这似乎是假设定理普遍成立的好依据。但是数学家要求证明——严格的、无可辩驳的、适用于所有情况的永久性证明。当这个证明最终出现时，它来自一个没有人预见到的方向。

1955 至 1957 年间，两位日本数学家谷山丰和志村五郎提出了一个建议，将两个看似截然不同的数学领域联系起来。其中之一是椭圆曲线。椭圆曲线——令人困惑的是它并非椭圆，而是由某种类型的三次方程描述的曲线，例如将方程 $y^2=x^3+5x-2$ 绘制出来就是一条椭圆曲线。他俩的研究涉及的另一个数学领域是模形式。把一个模形式想象成一台数学机器，有着复杂的内部部件，就像怀表一样，它可以得出一条椭圆曲线并为其定义一个数字。“谷山—志村猜想”连接了两个看似不同的数学领域，对那些能理解的人来说具有深远的意义。1986 年德国数学家格哈德·弗赖提出，证明“谷山—志村猜想”便意味着证明费马大定理，由此引起了更多的关注。但现在只有一个问题，那就是证明“谷山—志村”猜想极其困难，有些数学家甚至认为根本不可能。但七年后，英国数学家安德鲁·怀尔斯给出证明（尽管他又多花了十八个月来修正一个被他忽略的严重错误），这种悲观终于烟消云散了。一夜之间，怀尔斯成了数学界的名人，登上了全世界的头条新闻（这对数学家来说几乎是前所未见），随后还被封爵。人们永远记得他是最终为费马平反的那个人，尽管事实上他更大的成就是证明了谷山—志村猜想的一种情形，而这猜想很快发展为对更为深奥的论断（费马大定理）的完整证明。

志村五郎活着的时候看到了他骄傲的研究成了数学学科中不可分割的一部分，他的同事——所提猜想构成怀尔斯伟大论文的理论核心的谷山丰就没有这份幸运了。正如我们在第八章中看到的那样，有时高强度的数学研究会给那些脆弱的数学家带来毁灭性的伤害。1958 年 11 月，三十一岁的谷山选择结束自己的生命。那时他在东京大学担任助教，已经订婚，并被邀请加入著名的普林斯顿高等研究所。他留下一封遗书：

> 直到昨天我还没有明确的自杀意图。但许多人肯定已经发现，最近我身体和精神都很疲惫。至于我自杀的原因，我自己也不太明白，但这不是某个特定事件的结果，也没有什么特别的事发生。我只能说，我目前的心理状态就是我对未来失去了信心。

更悲惨的是，一个月后，他的未婚妻铃木美佐子也自杀了。

费马本人不可能在四百年前就想出怀尔斯的证明，就像伽利略不可能开创量子力学一样。同样，在接下来四个世纪里，一些优秀数学家曾尝试各种可能想到的证明方法，但都失败了，因此他也不可能找到比怀尔斯更简单的证明方法，他也不是在一些显而易见的推理中发现错误的数学家。因此最大的可能是：费马留下的仅仅是个恶作剧，也许是想激起其他人深入研究这个问题。如果是这样的话，这个小把戏相当成功。

随着长期存在的未解之谜被解开，数学家们更加深入挖掘数学的各种新领域。我们不禁要问，是不是所有未解之谜在某个时候都会被解开？ 19 世纪下半叶，一些科学家开始相信可以用牛顿力学和麦克斯韦电磁学来理解自然界所有的基本工作原理。德国物理学家菲利普·冯·约利在 1878 年甚至建议一个学生不要进入物理学领域，因为“在这个领域，几乎所有的东西都已被发现了，剩下的就是填补一些不重要的缺漏”。幸运的是，这个学生最终还是进入了理论物理学领域，他的名字是：马克斯·普朗克。

在20世纪早期，数学界也同样如此，人们感觉数学的某种终局就在眼前。伟大的德国数学家大卫·希尔伯特提出了一个项目，即要证明所有数学定理都必然来自一组被正确选择的公理组合，公理是一开始就假定为真的基本规则和命题。此前在1900年，他发表了一份二十三个尚未解决的问题清单，其中包括算术的公理化问题。希尔伯特的清单是公认的有史以来个人构建的最严谨、最有影响力的问题清单，它无疑为激励后世研究人员的工作指明了方向。

在这二十三个问题中，有十个现在认为已经完全解决。还有七个问题要么已经部分解决，要么已经达到了最初的假设所能达到的结果。后者包括希尔伯特的前两个问题，这两个问题都涉及无穷大问题和我们选择使用的数学系统的基础。

早在19世纪70年代，德国数学家格奥尔格·康托尔就证明无限有不同的大小。特别是他证明了一个惊人的事实：自然数（1、2、3等）的无穷大小于实数（一条直线上所有的点）的无穷大。康托尔认为在这两者之间不存在中间大小的无穷大，这个理论后来被称为“连续统假设”，因为实数的另一个名称是“连续统”。在尚未解决问题的清单中，希尔伯特将证明或证伪连续统假设放在首位。尽管康托尔和其他数学家当时尝试解决这个问题时都失败了，但解决它似乎只是时间问题。

20 世纪 30 年代末，奥地利裔美国逻辑学家库尔特·哥德尔——爱因斯坦在高等研究院的亲密朋友——在证明连续统假说方面似乎迈出了重要的一步。他证明，如果连续统假设是真的，那么它并不违背传统上用来构成数学基础的九大公理，即所谓的策梅洛—弗兰克尔集合论加上选择公理（统称为 ZFC）。但是在 1963 年，美国数学家保罗·科恩投下了一枚重磅炸弹。科恩指出，假设相反的情况，即连续统假设是错误的，也不会与 ZFC 系统产生矛盾。换句话说，科恩的研究表明，从 ZFC 系统内部来看，无法判定连续统假设是否为真。哥德尔在给科恩的信中写道：

> 我很高兴阅读你关于连续统假设具有独立性的证明，我认为你在所有基本方面都做出了最好的证明，而这种情况并不常见，你的证明像优美的戏剧一样精彩。

然而，这场戏剧还没有结束，数学家们仍在争论连续统假设到底是真是假，因为归根结底总要能够证明出是其中之一。毕竟，我们对于自然数的无穷大和实数的（更大）无穷大的概念是毫无疑问的。为什么我们无法确定在这两者之间是否还存在其他的无穷值呢？哥德尔本人认为，连续统假设最终肯定能被证明出要么为真，要么为假。他写道："从今天已知的公理体系来看，它不可判定仅仅意味着这些公理体系并不包含对现实的完整描述。”问题归结为,怎样以最合理的方法扩展 ZFC 体系，从而使问题以令所有人满意的方式解决。

理论研究者们可以自由设计他们选择的任何公理体系，但只有一个连续的、优美的、最重要的是实用的公理体系才会被广泛接受，成为建立新的、意义更深远的数学基石。科恩引入了一种被称为“力迫法”的技术，它能扩大数学宇宙的规模，从而解决某些以前无法确定的问题。2001 年，美国哈佛大学数学家、著名集合论专家 W. 休 · 伍丁提议在 ZFC 中加入一个新的力迫公理，在这个扩大的体系中，连续统假设不成立。但他后来改变了策略，并不是因为先前的工作有什么错误，而是他提出了一种新型公理，即所谓的“内模型公理”或“v= 终极 −L”，他认为这一公理更为强大。这个新论点把围绕连续统假设的一些哲学问题简化为最终应该可以解决的精确的数学问题。如果伍丁目前的研究路线是成功的，它最终将引领人们证明出康托尔长期以来的猜想是正确的，自然数无穷大和实数无穷大之间并不存在中间无穷大。

通过扩充 ZFC 系统以解决连续统假设的证明问题，是使用力迫公理还是内模型公理，孰胜孰负我们拭目以待。力迫公理的支持者认为，他们的方法是让数学基础对传统学科分支更有用的最佳途径；而那些支持内模型公理的人则认为，证明出连续统假设能够给混乱的无限集合带来秩序，尽管这对数学的其他领域可能影响不大。

那些在集合论前沿进行研究的数学家相当于物理学中的宇宙学家或粒子理论家，他们的研究与形而上学、本体论以及终极研究目标试图实现的问题相重叠。在探索未知世界的过程中，数学家们必须决定他们选择作为探索基础的公理的目的，并直面数学本身的深刻本质。他们必须要问，选择的公理是出于实用目的还是因为这些公理最接近事物的本质。

希尔伯特的第二个问题也触及了数学真理的核心和可知事物的极限。它需要证明支撑算术体系的公理是一致的，换言之，它们不会导致任何矛盾性的结论。我们都熟悉在学校里学的算术规则，严格说来要称为皮亚诺（发音类似 piano“钢琴”）算术，是以意大利数学家朱塞佩 · 皮亚诺命名的。1889 年，他提出了一套公理体系，至今仍是公认的自然数数学基础。皮亚诺关于自然数的完整计算法则系统由九个规则组成，其中一个属于所谓的二阶逻辑。皮亚诺算术是专门针对普通算术的一个较弱的系统，主要涉及数字的加减乘除。在皮亚诺算术中，加法和乘法的符号被明确凸显出来，且二阶逻辑被一阶逻辑所代替。希尔伯特的第二个问题实际上是指更广的皮亚诺（二阶）系统，但它现在常常被解释为探讨皮亚诺算术是否具有一致性。

1931 年，库尔特 · 哥德尔发表两个惊人的定理，震惊了数学界。他的“不完全性定理”表明，在每一个足够强大的、具有一致性的公理系统中——包括皮亚诺算术体系——总有一些命题永远无法被证明或证伪，其中就包括“系统自身是否具有一致性”这个命题。希尔伯特的第二个问题，以及在后来的更大计划中，是希望算术体系——数学学科的基石——的一致性能够被证明，但哥德尔的发现似乎挫败了这一希望。哥德尔的不完全性定理不可能有错：它们一直都是正确的。它们清楚地表明，真理的力量远大于证明，这会让数学家们发疯。但故事并没有就此结束，因为在 1936 年，德国数学家、逻辑学家格哈德·根岑成功证明了皮亚诺算术的一致性。他运用的是一个不同的、更广泛的公理体系。虽然人们普遍认为算术体系具有一致性，但需要一个更强大的体系来证明这种一致性。因此，要证明任何公理系统的一致性，总是需要建立一个更强大的数学体系。关于希尔伯特的第二个问题，正如第一个问题一样，存在哥德尔派和根岑派两方观点。

希尔伯特于 1943 年去世，在死之前，他一定清楚地意识到了数学中这些复杂性和哲学差异性，并备受困扰。第一个问题和第二个问题的不确定状态与他对数学的整体看法完全相反，他认为所有问题都可以解决：这只是时间的问题。他在 1930 年向德国科学家和医生协会发表的退休演说中有一个著名的宣言："我们必须知道，我们将会知道。"——这也是刻在他墓碑上的字句。

至于希尔伯特最想解决二十三个问题中的哪一个，他说得很清楚。"如果我在睡了一千年后醒来，我的第一个问题是：黎曼猜想被证明了吗？"

黎曼猜想以另一个德国数学家伯恩哈德·黎曼命名，它与质数的分布有关，是希尔伯特清单中的第八个问题，并被广泛认为是数学中最重要的未解之谜。质数是大于 1 的整数，它不能表示为两个较小数的乘积。虽然单个质数的出现没有任何规律或可预测性，但从宏观上来看质数的分布却有一些规律。这意味着我们可以问这样的问题：给定一个整数 N，有多少个小于 N 的质数存在？黎曼在 1859 年发表了一篇简短的八页论文，给出了理论上可能最准确的答案，当然，前提是他的假设正确。这是他在这个问题上唯一发表的著作。他写到，简单来说，小于 N 的质数数量与黎曼 ζ 函数 $\zeta(s)$ 中的非平凡解密切相关。解指的是使函数等于零的 s 值。其中一些解很容易发现：当 s 是偶数和负数时，它们就会出现并被称为“平凡解”。黎曼猜想声称，所有其他的解——非平凡解——都完全落在复平面上的某条直线上。复平面就像我们用 x 和 y 来表示的普通平面一样，水平轴代表实数，而垂直轴代表虚数 -1 的平方根的倍数。黎曼的假设是，$\zeta(s)$ 的所有非平凡解都位于复平面上经过实数轴上坐标值为 1/2 的垂直线上。事实证明，$\zeta(s)$ 解的分布与质数出现的频率密切相关。只要假设黎曼猜想为真，我们就可以根据 $\zeta(s)$ 非平凡解的状态写下一个公式，求出有多少小于 N 的质数。

除了能揭示质数的分布外，黎曼猜想还因为关系到许多看似不相关的领域中出现的各种假设而显得格外重要。“如果黎曼猜想为真……”是许多定理描述的开场白。一旦黎曼猜想被证明为真，这些定理能够立刻被证明为真。另一方面，只要任何一个不符合黎曼猜想的例子被发现，那么数学将会陷入混乱。人们通过计算机检查了第一万亿个甚至更多的非平凡零点，没有发现例外——它们都毫无意外地落在黎曼预测的那条临界线上。在其他科学分支中，这些证据的分量足以将一个简单的假设提升为一个成熟的理论，但在数学中却不是这样，而且有充分的理由不是这样。例如卡尔·高斯曾在 19 世纪中期提出的另一个关于质数的猜想就在 1914 年被英国数学家约翰·利特尔伍德推翻。这个猜想在经过了非常大的数字验证之后才被证明是不成立的。这个数字就是史丘斯数，它等于 10 的 10 次幂的 10 次幂的 34 次幂。已知的令高斯猜想失败的数已经被减小到 1.4×10^{316}，但它仍然表明，有些猜想可以一直在数字增大到某个天文数字之前都保持成立，可是瞬间就出乎意料地崩塌了。没有人期望黎曼假设也会发生这种情况，但数学家们在找到无可反驳的完美证明或证伪之前，是不会满意的。

黎曼猜想是唯一同时出现在希尔伯特和一个世纪后另一个未解之谜清单中的问题，后者是 2000 年由克莱数学研究所编制的。这份新榜单的名气不是源于发起者，而是在于对七个问题中任何一个，第一个给出可验证答案的人都将获得一百万美元奖金。到目前为止，只有一个克莱千禧年难题——庞加莱猜想——被解决了，不过解开者以道德为由拒绝了丰厚的奖金。

庞加莱猜想是以法国数学家和理论物理学家亨利·庞加莱命

名的，是拓扑学中的一个问题。拓扑学是研究数学对象弯曲或扭曲变形时性质不变的学科。20 世纪初，庞加莱注意到在有限且无边界的曲面（如球体的表面或甜甜圈形状的环面）上环的一些特征。可以把环想象成具有相同起点和终点的曲线，就像圆一样。庞加莱发现并证明了，对于二维表面而言，只有在球面上才可以使得任何圆圈在面上收缩为一个点，但对于环面来说，如果有一些圆圈围绕着圆环的洞，那么在圆圈缩小时，这个洞会处于其内部表面。同时，庞加莱还将这个关于环和球面的结论推广到更高维度的几何中。表面（根据定义，它是二维的图形）的高维等价物称为流形。他注意到三维球面（普通球面的四维等价物）似乎是唯一能使所有环都收缩为一点的流形。但是此时他还无法证明后来被称为“庞加莱猜想”的东西。他随后发表了广义的猜想内容：仅仅在球面和其高维等价物上，环能收缩为一点且不离开曲面。奇怪的是，这个广义猜想比三维球面的个例更容易取得进展。1960 年，美国数学家斯蒂芬·斯梅尔成功证明了庞加莱猜想在所有大于或等于五的维度上成立。这凸显了拓扑学中的一个奇怪现象——适用于五维或更多维的通用方法并不适用于三维或四维空间。正因为这种分裂现象，拓扑学有了两个分支——最多四维的拓扑学被称为低维拓扑学，而大于等于五维的拓扑学被称为高维拓扑学，这两个分支领域使用的研究方法往往是不同的。

1982 年，美国数学家迈克尔·弗里德曼成功地在四维上证明了广义庞加莱猜想，这意味着广义庞加莱猜想实质上只剩下最初三维的证明问题。然而，三维特例的证明却比它的任何高维度“同胞”都难。哥伦比亚大学戴维斯分校数学教授理查德·汉密尔顿在1982年取得了重要进展，他发明了“里奇流”，这是基于意大利几何学家格雷戈里奥·里奇·库尔巴斯特罗的研究成果。在那时，里奇只能证明庞加莱猜想的一些特例，但事实证明，里奇流成了彻底解开庞加莱猜想的钥匙。

2002年和2003年，俄罗斯数学家格里戈里·佩雷尔曼发表了三篇论文，介绍如何利用里奇流来证明整个庞加莱猜想。他的证明中有许多缺口，但并不像费马大定理的漏洞那样，而是可以用他描述的方法来填补。2006年，中国数学家曹怀东和朱熹平发表了对佩雷尔曼证明的验证，但暗示这些证明是他们自己想出来的。此后他们不得不撤回论文，承认证明来自佩雷尔曼。佩雷尔曼被授予相当于数学界诺贝尔奖的菲尔兹奖。然而，佩雷尔曼拒绝了这奖项，同时拒绝了百万美元奖金的克莱千禧奖。他不喜欢自己的成就带来的名声，认为忽视汉密尔顿的贡献是不公平的，汉密尔顿的贡献应当和他一样大。佩雷尔曼从不寻求关注，他越来越避世隐居，直到今天他的行踪和活动都是谜。

在其他千禧年问题中，有两个问题揭示了数学和物理的密切联系。其中一个是杨—米尔斯存在性与质量间隙问题，它与微观世界有关。在微观世界里，经典物理学必须让位于量子力学的奇特逻辑和技巧。1954年，中国物理学家杨振宁和美国物理学家罗伯特·米尔斯在布鲁克海文国家实验室共用一间办公室时，提出一种理论来解释在原子核中将质子和中子结合在一起的强力行为。杨—米尔斯理论还扩展到亚原子粒子相互作用的其他方式，包括电磁力和弱力。杨—米尔斯理论的一个现代版本支撑着所谓的“标准模型”，它是我们理解已知基本粒子的最佳理论框架。千禧年问题第一部分是找出一个能在现实世界中存在的、严格符合数学定律的量子力学版本的杨—米尔斯定律，第二部分是找到这个理论中的“质量间隙”，换句话说，它能预测粒子的最小质量。在标准模型中，质量间隙是一个“胶球”的质量，“胶球”是一个由胶子（将夸克聚集在原子核中的方式）组成的粒子，在理论上存在，但尚未被观察到。

第二个与物理学有关的“千禧年问题”是老生常谈的纳维—斯托克斯问题。纳维—斯托克斯方程以法国工程师克劳德·路易斯·纳维和英国物理学家兼数学家乔治·斯托克斯共同命名，它描述了压力和各种外力（如重力）影响下的流体运动。流体运动似乎遵循这些方程，但有一个问题——我们根本不知道这些方程是否有解！最主要的问题是流体伴随的湍流会让流体变得极其紊乱，在数学上极难分析。我们能得到一个“有限时间暴增”的结果，即流体在有限时间内行为是规律的，但随后似乎突然暴增，在有限时间内达到无限远的距离。我们真正需要的是一个能持续而非爆炸的解，但不知是否有可能。一旦找到这样的解，纳维—斯托克斯问题就会继续探究解是否“平稳”，也就是说，是否避免了流体性质中任何突然的、不稳定的跳跃。

那么，流体在现实生活中一般是怎样表现的呢？既然实际的流体并不会突然“爆炸”，纳维—斯托克斯方程怎么可能没有解？答案是，就像数学中的许多东西一样，纳维—斯托克斯方程仅仅是对真实世界的近似模拟。实际上，流体并不是真正连续的；一旦达到一定程度，流体就是由单个分子组成的。纳维—斯托克斯方程只是在理论上讨论绝对连续的流体，但这凸显出我们对湍流知之甚少，尽管它们非常常见。据传言，维尔纳·海森堡被问及如果有机会见到上帝他会问什么问题，他说：“我会问上帝两个问题，什么是相对论？什么是湍流？我真的相信他只有第一个问题的答案。”

第十四章　数学有其他可能吗？

我喜欢数学是因为它并非人类制造，与这个星球或偶然产生的宇宙也毫无特殊关连——就像斯宾诺莎的上帝，它不会对我们报之以爱。

——伯特兰·罗素

如果宇宙中还存在其他的智慧种族，他们的几何学和代数会和我们的一样吗？如果人类历史重演一遍，我们是否不可避免地还会用同样的方法来发展数学？数学中有多少是现实结构的一部分，没有改变的余地，只是等待被发现，而又有多少是我们自己的发明和选择？

人类学家认为，我们之所以采用以 10 为基数的十进制数制，只是因为我们有 10 根手指可以用来数数。换言之，10 在我们看来似乎是一个“不错的整数”，这只是人体构造导致的一个意外。

假设我们进化到有 8 根手指，大概会以 8 为单位来数数，并建立起一个八进制系统。加利福尼亚州的尤基人和墨西哥说帕梅语的人确实有八进制系统，因为他们用手指之间的空隙而不是手指本身来计数。如果八爪鱼进化到能理解数学，也许它们会“偏爱”八进制。玛雅文明和其他中美洲早期文明使用二十进制，可能是因为他们把手指和脚趾都算上了。

一些动物，如小熊猫和鼹鼠，每个爪子上有六根手指，不过多出来的手指实际上是一个变形的放射状籽骨——手腕上的一块骨头。如果我们也有六根手指，可能倾向于以 12 为一组来数数，并多出来几个数字，如 1、2、3、4、5、6、7、8、9、Ɛ、◊。在这种情况下，十二进制对我们来说似乎很正常，而十进制反而会显得陌生和奇怪。

“十二进制协会”（Dozenal Society，以前的名称是 Duodecimal Society）的成员认为，我们真的应该改用十二进制，因为这会使计算变得更容易。原因是，12 的因数（除了 1 和它本身）有好几个，即 2、3、4、6，而 10 的因数只有 2 和 5。考虑到时钟上有 12 个小时，12 也会让报时变得更容易，例如两点五分会说成一又十二分之一[①] 小时或 2；1，其中“；”相当于十进制中的小数点，两点十分就是 2;2，两点十五分会变成 2;3，以此类推。

① 作者笔误，应为二又十二分之一。

虽然我们使用十进制来计数，但人们还是设计出了各种各样的单位来测量重量、距离、时间、温度等。20 世纪五六十年代在英国长大的人会记得，那时的货币体系中要算的数比现在更多。不仅有半便士（直到 1960 年还有法辛或者叫四分之一便士），而且有 12 便士兑 1 先令，20 先令兑 1 英镑。1971 年 2 月 15 日英国全面实行十进制后，学校的数学练习变得简单多了。大多数国家不仅采用十进制货币，还采用十进制单位来测量长度、质量和温度等。在其他地方，特别是在美国和英国，磅、加仑、英尺和英里等旧单位继续广泛使用，尽管 1 英尺等于 12 英寸、1 英里等于 5280 英尺，比 1 米等于 100 厘米、1 千米等于 1000 米要复杂得多。当然，尽管单位制各有不同，但其背后基本的数学——支配我们用这些单位进行计算的算术规则——都是相同的。

距离可以表示为英尺、英寸或米、厘米的不同数值，但用圆的周长除以直径，我们总能得到相同的值。在十进制中该值为 3.14159…，在八进制中该值为 3.11037…，在三进制中该值为 10.01021…，在十六进制中该值为 3.243F6…（其中 F 是十进制中 15 在十六进制中的表示），以此类推。它在数学宇宙中是一个固定数值。因此，如果银河系另一边的星球上有智慧生物，他们也会知道我们称之为 π 的这个常数，并且得出相同的值，尽管他们在任何给定的进制中用来表示它的符号显然与我们是不同的。

圆周率是现实中不变的既定值，我们无法控制它的存在，但这并不影响人们试图在法律中重新定义它。1897年，业余数学家爱德华·J.古德温试图说服印第安纳州议会通过一项法案，颁布“一个新的数学真理……作为对教育的贡献”。古德温和之前的许多怪人一样，确信自己想出了一个方法来解决几何中的经典问题——化圆为方（上一章有描述），并热切希望州立法者对他的工作给予官方支持。这样做的一个结果是让π在法律上（美国中西部）等于3.2。事实上在1882年，化圆为方已被证明是不可行的，但古德温并没有望而却步。更重要的是印第安纳州的众议员们显然缺少林德曼—韦尔斯特拉斯定理（最终推翻化圆为方问题的定理）知识，因此很高兴地通过了这项法案。所幸，该法案从未真正写进法律。普渡大学的数学家克拉伦斯·沃尔多教授在州参议院投票表决之前刚好在城里，他让足够多的参议员意识到古德温推理中的缺陷，以及立法违背数学事实的愚蠢，从而成功地让这个法案半途而废。

在卡尔·萨根的小说《接触》的结尾，π以另一种方式出现，但再次将注意力集中到胡乱修改π这个常数值的可能性上。搜寻地外文明计划（SETI）研究人员埃莉·阿洛维发现了一个来自高级外星人的信号，最终从他们那里得知圆周率的数字中加密的一条信息。她用一个计算机程序找到了这条信息，是在十一进制的圆周率小数点后面大约一亿兆位开始的。突然间，构成圆周率的随机数字串变成了一个由1和0组成的数字串，且长度是两个质数的乘积。阿洛维用这些数字来确定光栅(图像)的大小，然后绘制点（亮像素表示“1”，暗像素表示“0”）时，一个非常熟悉的形状出现了——圆！描述圆的周长与直径之比的常数本身包含了一个圆形的数字编码。这意味着，一种可能自宇宙诞生之初就存在的高阶智能生物修改了自然法则，使得圆周率的数值能够传播信息，以便任何进化到足够程度的生物都有机会发现它。

尽管萨根的故事很吸引人，但它有一个缺陷：圆周率是一个数学常数，而不是物理常数。从理论上讲，时空的几何结构确实可以改变，因此精确测量圆的周长与直径之比会得到不同的值。事实上，我们生活在一个非欧几里得的宇宙中，因为无论在局部还是在更广范围上，时空都是弯曲的。但圆周率的值并不是通过测量真实宇宙中圆的周长与直径之比来确定的。相反，它是欧几里得几何适用的空间（数学上完美平坦的平面）中圆的周长与直径的比率的唯一值。圆周率也以其他方式出现在数学中，它们似乎与圆形无关，例如某些无限序列的和（如我们在第三章讲到的)。也许萨根的意思是某些高智能生物能把信息植入圆周率中，能以某种方式操纵源自数学本身的常数，其能力远超出我们的认知范围。由此他推断，可能存在一种拥有神明般超凡力量的智慧生物。这种力量超越我们所能理解的任何事物，强大到能改变任何我们所能认知的事物，而不是把它们等同于任何宗教上的神明（萨根是一个无神论者）。但即便是神明也必须遵守逻辑规则，虽然很容易想象出其他宇宙中存在不同物理定律和常数，但很难想象数学的本质会有任何改变。

话虽如此，可能还是有一个例外。如果我们生活的宇宙并不是它看起来的那样呢？如果宇宙并不是由空间和时间、物质和能量所构成的物理世界，而仅仅是一个模拟出来的世界呢？近年来，哲学家甚至一些科学家对这种令人不安的情况进行了大量讨论。今天的高速计算机和复杂的软件已经可以构建模拟世界，我们还可以制造虚拟形象与之互动，探索一个看起来真实但完全虚构的场景。这些（电子游戏中的）模拟世界遵循不同的规则，旨在给玩家一种新颖而刺激的体验。但这些规则都是一致的，并且在它们所属的系统中都能很好地运作。

随着沉浸式技术的发展，神经（脑机）接口等设备变得更加先进、便捷，我们将能够一次消失几个小时，进入一个完全由计算机生成的虚拟世界，和现实世界一样有真实感。但如果"现实本身"是一种模拟现实，我们自己和周围的一切都只是一台速度和力量惊人的外星人计算机虚拟出来的呢？若果真如此，那我们和我们虚构的宇宙可能会毫无限制地被外部操控。在无理数，如圆周率中植入一些模式或信息是非常可能的，因为这些数的值可能是模拟现实中的一部分，并且能被外部随意控制。我们所认定的物理定律和柏拉图奠基的数学王国，也许都是一些强力计算机程序随意制造出来的。

不过，假设我们不是某个精心设计的奇幻世界中的不知情的数字居民，而是真实世界中存在的有血有肉的生物，数学会有什么不同呢？假设我们能把时间重置到人类文明开始，让历史沿着一条不同的轨道运行，环境和重要人物都不同，那么不可避免地，人类发现数学的顺序会不同，它们也会出现在不同的时间和地点。数学的某些领域会有更多的发展，而另一些领域可能比我们目前的发展要少。也许希腊人会发明代数，而不会对几何学给予如此多的关注。集合论的思想和康托尔的无限理论可能会由文艺复兴时期或古印度的一些天才发现。

20 世纪 60 年代，美国小学的数学教学方式发生了一次短暂但重大的变化，从中我们可以看到这种变化可能对数学的发展带来怎样的影响。所谓的“新数学”是在苏联 1957 年发射“伴侣号”人造卫星之后，为了提高科学和数学技能而引入的。一夜之间，孩子们要学习的不再是传统的算术，而是模运算（在数字达到一定值后会折回）、符号逻辑和布尔代数。事实证明，不仅更习惯于学习乘法表和拆数法的学生们对这样的教学内容感到一头雾水，家长和老师也弄不明白。许多父母为了能帮助孩子完成家庭作业，甚至开始旁听儿子和女儿的课程。

通过“新数学”，美国人期望培养一代能够加速美国技术发展的人才，特别是在电子和计算机等领域，从而超过苏联。但这个政策的最大弱点很快便暴露出来，它对孩子们提出的要求是超前的思维飞跃，希望他们掌握完全不熟悉的抽象内容和方法。美国数学家乔治 · 西蒙斯是几本广泛使用的教科书的作者，他写道，新数学培养出的学生“听说过交换律，却不知道乘法表”。

作为一种教育实验，新数学是失败的，很快就被废除了。然而，它确实提供了一个有趣的视角，让我们看到如果数学以一种全新的方式呈现，会变得非常不同。更重要的是，虽然新数学没有按计划进行，但这并不意味着小孩完全不能理解他们通常长大之后才会遇到的概念。几十年来，本书作者戴维一直在私下辅导五到十八岁各个年龄段的孩子，他发现即使是刚上小学的孩子，如果通过简单的语言和有趣的方式介绍，也可以掌握像无限、高维度以及不寻常的几何图形（如只有一个面的莫比乌斯带）这样的概念。事实上，他深信，如果人们从小就被鼓励和接触这些事物，他们就会对第四维度以及超限数等奇异事物有深刻和直观的理解。这和语言学习类似。在双语环境中成长的幼儿能顺利地吸收并流利使用两种语言，如英语和西班牙语，而青少年或成人学习第二语言通常要困难得多。

所以很明显，如果历史以不同的方式发展，那么数学看起来可能会有很大的不同。也许我们会更倾向于从形状而不是数字的角度来思考问题，或者（就像“新数学”尝试的那样）更多地学习集合理论而不是普通的算数和代数。对世界上其他进化的生命形式而言，这种差异可能会更大，它们发展的数学与我们在地球上看到的完全不同。

在 1961 年出版的小说《索拉利斯星》中，波兰作家斯坦尼斯瓦夫·莱姆设想了一个星球，在这个星球上有一片智慧的海洋——一个单一、完整、覆盖全球的智慧共同体。因此，人类探险家试图在沿轨道运行的宇宙飞船中与之互动，但事实证明，这个智慧海洋是完全陌生的，所有与它进行有意义交流的尝试都失败了。这样的生物会产生出怎样的数学呢？看起来至少有这样一种可能，那就是这个环境中没有其他个体或独立概念的生物，可能不会像我们那样学会使用自然数算数或进行其他简单的算术。相比从离散量的角度，这种生物更有可能从连续量的角度来思考问题。它可能从发展光滑函数的数学开始，很久以后才发现整数及其处理方法。在某个地方是否存在具有这样的单一星球生命形式，我们无从得知，但只要想一想这种可能性，我们会发现，在其他情形下产生数学的发展路径是不尽相同的。不论数学在哪里发展，它一定是从我们认为是基础的概念开始的，如整数和欧几里得几何。可能外太空的数学看起来非常不同，但人类在数学上探索和建立的部分，应该与太空中其他智慧生物在相同领域的数学是完全能对应的。人类与其他智能生物的艺术、音乐、语言和技术可能会有很大不同，但数学的基础在任何地方都应该是一样的。

我们可能会看到显著差异的地方，是建立数学体系所依据的基本假设。这些基本假设被称为公理，是我们所有定理和证明的基石。在人类有记载的历史早期，当人们第一次使用数字并摸索出处理形状和面积的各种规律时，只是出于实用的目的。据我们所知，第一个深入思考数学逻辑基础的人是公元前300

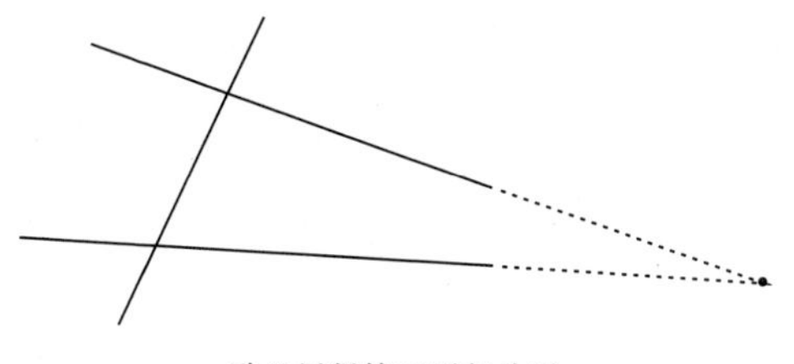

欧几里得第五平行公设

年左右的欧几里得。他在伟大的几何学著作《几何原本》中得出的结果和证明主要基于五个公设（大致相当于我们现在所说的公理），以及另外五个他称之为“共识”的陈述。这些公设包括：任意两点可以画一条直线，所有直角都是相等的。这些公设几乎都是显而易见且理所应当的，没有争议，除了第五个公设。它也被称为平行公设，欧几里得关于平行公设的陈述相当冗长，而且没有特别提到平行线，但它等同于这个陈述：“平行于同一条线的两条线也相互平行。”

即使是古希腊人，对第五个公设也不像对其他四个公设那么满意，它更复杂，而且没那么不言自明。它在欧几里得的公设列表中排在最后，并且他在推导前二十八个定理时根本没有用到它，这表明他感觉把它作为五大核心假设有点不安全。然而，他意识到需要用它来构建自己的几何体系，即我们现在所说的欧几里得几何学。随着时间的推移，许多数学家试图从其他四个公设中推导出第五个公设，但每次都失败了。第一个看清问题所在的人是德国数学家卡尔·高斯，他十五岁就开始探究欧几里得几何学的基础，但又花了二十五年才弄明白，平行公设独立于其他四个公设。当他开始研究丢掉第五个公设后的情形，便首次发现了一种奇怪的新几何学。在给同事的信中，他写道：

> 这种几何学中的定理似乎是自相矛盾的，而且，对于不了解的人来说甚至是荒谬的，但经过冷静的、持续的思考，我认为其包含的所有一切都有可能……

高斯不喜欢争议，没有发表他的研究结果，尽管他在生命的最后阶段曾考虑这样做。是其他数学家，包括他的朋友匈牙利数学家亚诺什·鲍耶和俄罗斯数学家尼古拉·洛巴切夫斯基，让非欧几里得几何学引起了世界的关注。

除了欧几里得几何外，还存在其他几何形式，而这一发现并不意味着欧几里得几何被推翻了。相反，它所表明的是，从不同的公理组合出发可以得到不同的数学系统，每个系统都具有内在的一致性。我们可以一开始就自由地选择这些公理，只要它们不互相矛盾，然后根据它们推导定理并给出证明。当然，数学家着手完成某些工作时，他们会尝试选择一些似乎更合理、有助于达到某种有用目的的初始假设。德国数学家恩斯特·策梅洛和德裔以色列数学家亚伯拉罕·弗兰克尔在 20 世纪前二十五年提出的一套公理系统（再加上一个“选择公理”）是目前公认最常用的数学基础。但这并非唯一的系统，我们的数学可以建立在许多不同的核心组合之上。

我们选择在数学中发展的许多公理都是为了适应我们的直觉——人类的直觉。对于其他拥有感知能力的生命体，如果他们的物理世界与我们完全不同，那可能一开始就使用不同的公理，最终构造出一个全然不同的数学系统。当然，这并不能改变这样一个事实，即如果我们从那些陌生的公理开始，也会得到那些奇异的数学体系。据我们所知，数学是普遍的。在其他地方，数学也许是按照不同的顺序和路线发展起来的，但如果起始的假设和规则是相同的，数学必然会产生同样的理论和结论。

致谢

我们再次感谢家人给予的爱、耐心和支持。我们还要感谢Oneworld的工作人员，特别是本书编辑萨姆·卡特和助理编辑乔纳森·本特利·史密斯帮我们完成了“亲爱的数学”系列，创作过程充满趣味。

想了解更多奇妙的数学，请访问：weirdmaths.com。

图书在版编目（CIP）数据

支配宇宙的7 : 超越想象力的数学 / （英）戴维·达林，（英）阿格尼乔·班纳吉著 ; 肖瑶译. -- 海口 : 南海出版公司, 2024. 11. -- ISBN 978-7-5735-0989-5

Ⅰ. 01-49

中国国家版本馆CIP数据核字第20241QP417号

著作权合同登记号： 30—2024—165

支配宇宙的7：超越想象力的数学
〔英〕戴维·达林　阿格尼乔·班纳吉 著
肖瑶 译

出　　版　南海出版公司　(0898)66568511
　　　　　海口市海秀中路51号星华大厦五楼　邮编 570206
发　　行　新经典发行有限公司
　　　　　电话 (010)68423599　邮箱 editor@readinglife.com
经　　销　新华书店

责任编辑　张　苓
特邀编辑　王　辉　马希哲　黄奕诗
特约审读　周泽农
装帧设计　@muchun_ 木春
内文制作　王春雪

印　　刷　北京盛通印刷股份有限公司
开　　本　850毫米 ×1168毫米　1/32
印　　张　7.5
字　　数　151千
版　　次　2024年11月第1版
印　　次　2024年11月第1次印刷
书　　号　ISBN 978-7-5735-0989-5
定　　价　59.00元